乡村振兴
——科技助力系列

丛书主编：袁隆平　官春云　印遇龙
　　　　　邹学校　刘仲华　刘少军

智慧农业应用技术

高倩文　陈　冲　高志强◎著

湖南科学技术出版社
·长沙·

前　言

2019年5月，中共中央办公厅、国务院办公厅印发《数字乡村发展战略纲要》，2020—2024年连续5个中央一号文件都强调持续实施数字乡村发展行动，发展智慧农业。智慧农业是在数字农业建设和精准农业实践成果的基础上，依托人工智能，实现智能感知、智能分析、智能预警、智能决策、智能控制，为现代农业建设和农业现代化提供颠覆性技术支撑。

从原始农业、传统农业发展到近代农业实践和现代农业探索，农业发展与人类文明相伴而行，机械化使人类从繁重的体力劳动中解放，人工智能和自动化将替代部分人类脑力劳动，智慧农业探索正是一步一步地朝着这一目标奋进。如今人类进入知识经济时代，智慧农业是现代农业建设的目标，也是农业现代化的美好愿景，实现这一美好愿景的根本途径是人类命运共同体的通力合作和共同努力，彻底改变“靠天吃饭”的农业困境。

为响应国家农业发展战略，作者们积极开展智慧农业探索实践，建成了“稻谷生产经营信息化服务云平台”，在智能温室、植物工厂等方面开展了一系列探索实践，在全国形成了一定影响。与此同时，湖南农业大学于2021年3月建成的“智慧农业引论”网络课程在超星学银在线平台运行（https://www.

xueyinonline.com/)，全国数万名学习者受益。为了进一步推广智慧农业应用技术，特撰写本书，供生产一线的朋友们学习参考，如果需要更直观的学习，读者可在学银在线官网中选择“智慧农业引论”课程，免费使用网络课程资源。

湖南农业大学

高倩文

2024 年 3 月 12 日

目 录

第一章 绪 论

近年来，中国积极推进数字农业建设、精准农业实践、智慧农业探索。智慧农业是在数字农业建设和精准农业实践成果的基础上，依托人工智能，实现智能感知、智能分析、智能预警、智能决策、智能控制，为现代农业建设和农业现代化提供颠覆性技术支撑。

第一节 全球农业发展动态

一、全球农业发展历程

全球农业发展经历了原始农业、传统农业、近代农业实践、现代农业探索四大阶段（图 1-1）。

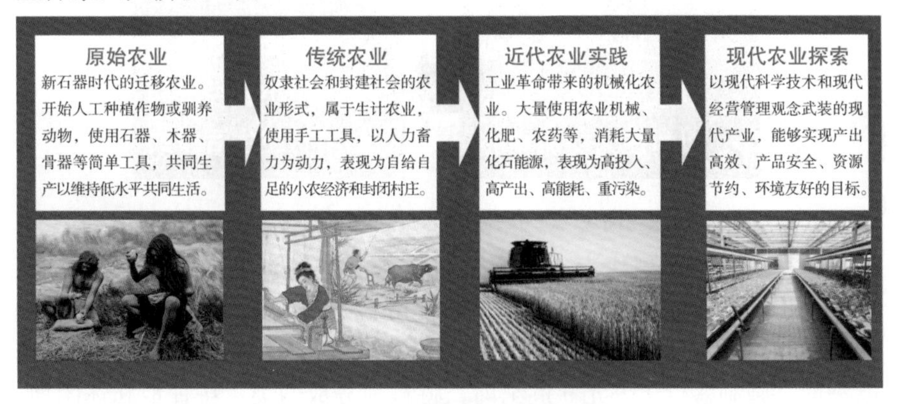

图 1-1 全球农业发展历程

大约 11 700 年前，地球进入全新世，人类进入新石器时代，原始先民开始驯化野生动植物（表 1-1），进入原始农业阶段。在此阶段，人类使用石器、木器、骨器等简单工具，以及简单协作的集体劳动，以烧垦、游牧等方式开展农业生产，生产力水平极其低下，人类维持着低水平的共同生活。

表 1-1　　人类最早驯化的作物和畜禽

作物	距今时间	地点	畜禽	距今时间	地点
水稻	10 000 年	中国、印度	狗	35 000 年	亚洲和欧洲大陆地区
小麦	9 000 年	亚洲西部地区、中国	羊	10 000 年	亚洲西部地区
马铃薯	8 000 年	南美洲地区	猪	7 500 年	中国
粟	8 000 年	中国	牛	6 000 年	亚洲西南部地区
棉花	6 000 年	印度	马	5 000 年	亚洲中部地区
大豆	5 000 年	中国	鸡	4 500 年	中国
玉米	4 000 年	中美洲地区	鹅	4 300 年	埃及
烟草	3 000 年	中南美洲地区	鸭	3 000 年	亚洲东南部地区

随着生产力的发展，人类进入阶级社会，奴隶社会和封建社会时代的农业形式属于传统农业。传统农业以土地为生产中心、以家庭为生活中心、以村庄为交流中心，形成了不依赖大市场的自给自足小农经济和封闭村庄生活模式（图 1-2）。

➢ 以土地为生产中心
➢ 以家庭为生活中心
➢ 以村庄为交流中心

不依赖大市场的自给自足小农经济和封闭村庄生活模式

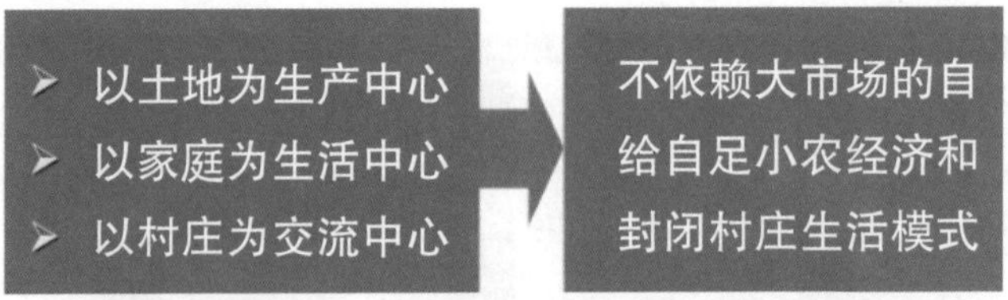

图 1-2　传统农业时代的小农经济

传统农业的典型代表有中国的传统农业和欧洲的二圃制、三圃制。中国的传统农业极具特色，使用有机肥和绿肥维持地力常新壮，通过间混套作和轮作复种提高土地生产力，实现无污染、无废物的清洁生产。欧洲的二圃制盛行于公元 9 世纪前，将耕地分成两类：耕种地和休闲地。欧洲的三圃制是在二圃制基础上发展的，将耕地分为三类：春播地、秋播地和休耕地。

工业革命带来了工业文明，开启了近代农业实践。近代农业实践大量使用工业革命成果，在农业生产中大量使用化学肥料、化学农药、生长调节剂和农业机械，形成了高投入、高产出、高能耗、重污染的机械化集约农业。近代农业实践是以廉价石油为基础的高度工业化的农业，因此也称为石油农业。石油农业在提高农作物产量和劳动生产率方面发挥了重要作用，但同时也带来了严重的环境污染和生态危机（图1-3）。

机械化集约农业（石油农业）
特点：高投入、高产出、高能耗、重污染。
贡献：工业化、机械化水平高，提高了产量和劳动生产率。
问题：依赖化石能源，带来环境问题和生态危机。

图1-3　近代农业实践的主要表现

反思近代农业实践所带来的环境污染、资源衰退等问题，逐步形成了人与自然和谐发展的生态自然观和可持续发展新理念，开启了新时代的现代农业探索。一般认为，现代农业是以现代工业技术、现代信息技术、现代生物技术、现代农艺技术和现代经营理念武装，能够实现产出高效、产品安全、资源节约、环境友好的现代产业。

二、农业发展时序特征

（一）农业技术演进序列

国外学者将农业技术演进序列分为四大发展阶段：农业1.0阶段是指农业时代的传统农业，表现为以人力、畜力为动力，使用手工工具，采用手工劳动方式，土地生产率、劳动生产率低下，只能维持自给自足的小农经济。农业2.0阶段是指工业时代的机械化集约农业，依赖石油，大量使用化肥、农药等人工合成物和农业机械，同时也带来了环境污染和生态危机。从历史唯物主义角度看，农业2.0阶段利用工业技术来武装农业，奠定了农业3.0阶段和农业4.0阶段的工业装备技术基础。农业3.0阶段是指目前正在积极探索的信息化农业或精准农业，重视资源节约和环境友好，关注农业投入品的使用效率和效益。农业3.0阶段充分利用现代信息技术、现代工业装备技术、现代生物技术、现代农艺技术，是一种信息化农业，同时也是一种精准农业，重视农业投入品的精量使用，精准控制农业生产过程和农事作业强度，实现资源节约、环境友好和农业可持续发展。农业4.0阶段是即将到来的智慧农业阶段，利用现代信息技术、现代工业装备技术、现代生物技术和现代农艺技术武装农业，大量引入人工智能技术，推进农业朝自动化、智能化方向发展（图1-4）。

图1-4 农业技术演进序列

（二）农业生产要素演变

农业生产要素是指农业生产过程中必须投入的各种基本要素的总称。农业时代的生产要素主要是土地、劳动力、资金三要素；工业时代增加了技术要素，则生产要素变为技术、资金、土地、劳动力四要素；信息时代又增加了信息要素，形成信息、技术、资金、土地、劳动力五大农业生产要素（图1-5）。

信息泛指人类社会传播的一切内容。信息有多种表达方式，文字符号、图形图像、音频视频、自然语言、机器代码等。数字信息是指计算机及计算机网络能够识别、处理和应用的由数字编码构成的信息表达形式。数字农业建设的核心任务是采集、传输、处理和应用农业数字信息，奠定精准农业实践和智慧农业探索的农业大数据资源基础。

图1-5 农业生产要素演变

（三）农业发展时序特征的契合关系

农业发展具有明显的时序特征：原始农业和传统农业时代，采用农业 1.0 的传统农业技术体系，土地、劳动力、资金三大要素决定农业发展水平和人口供养能力；近代农业实践将工业革命成果应用到农业领域，进入农业 2.0 技术阶段，技术成为重要的农业生产要素；现代农业探索需要经历农业 3.0 和农业 4.0 两大阶段，即精准农业实践和智慧农业探索，信息成为极其重要的农业生产要素，推进农业朝自动化、智能化方向发展（图 1－6）。

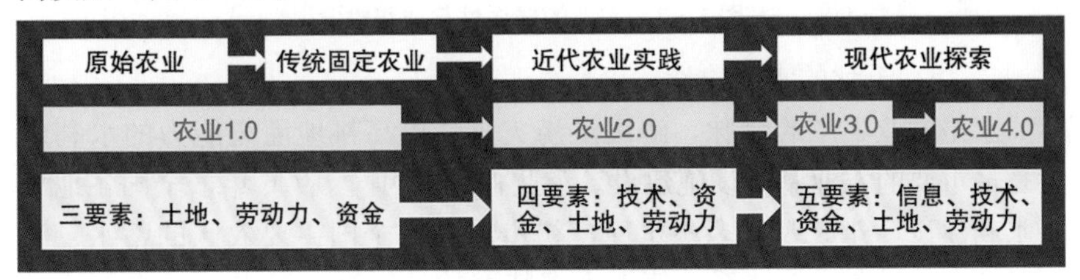

图 1－6　农业发展的时序特征

第二节　现代农业建设实践

目前，世界各国正积极开展现代农业探索。中国作为一个农业大国，要想实现从农业大国向农业强国的转变，必须更加重视现代农业建设。

一、农业现代化道路探索

（一）农业基础设施建设

农业是国民经济的基础，属于第一产业，必须承担保证农产品供应的社会责任。但是，与其他产业比较，农业具有明显的弱质性和弱势性（图 1－7），发达国家普遍重视对农业的补贴和扶持，世界贸易组织（WTO）的农业协议也允许各国对农业实施一定的国内支持政策。

党和政府历来高度重视农业发展问题，农业现代化探索和现代农业建设受到全社会的广泛关注。早在 20 世纪 50 年代，毛泽东同志就提出要实现农业机械化、电气化。1964 年，周恩来同志提出要在 20 世纪末全面实现农业、工业、国防和科学技术现代化。自此以后，中国共产党就领导中国人民开展了脚踏实地的农业基础设施建设。

图 1-7　农业的弱质性与弱势性

1. 功在千秋的水利建设

水是农业生产的命脉，解决洪涝灾害、提高耕地灌溉能力的水利建设是最重要的农业基础设施建设。为此，1960 年至 1976 年，全国各地大兴水利建设，建成 8 万多座水库，初步形成了全国主要农区的蓄水、灌溉、排水等设备设施体系。值得大书特书的是红旗渠工程：1960 年 2 月动工，至 1969 年 7 月支渠配套工程全面完成，历时约十年。它以浊漳河为源，在山西省境内的平顺县石城镇侯壁断下设坝截流，将漳河水引入林县（今林州市）。在极其艰难的施工条件下，林县人民发扬自力更生、艰苦创业精神，克服重重困难，奋战于太行山悬崖绝壁之上，险滩峡谷之中，逢山凿洞，遇沟架桥，削平了 1 250 座山头，架设 151 座渡槽，开凿 211 个隧洞，修建各种建筑物 12 408 座，挖砌土石达 2 225 万 m^3，总投工 5 611 万个。红旗渠的建成，彻底改善了林县人民靠天等雨的恶劣生存环境，解决了 56.7 万人和 37 万头家畜饮水问题，54 万亩（1 亩≈667 m^2）耕地得到灌溉，被林州人民称为“生命渠”“幸福渠”（图 1-8）。

图 1-8　人工天河：红旗渠

2. 轰轰烈烈的田园化建设

1963年毛泽东同志发布“工业学大庆、农业学大寨、全国学人民解放军”的指示。农业学大寨学出了“红旗渠”，也在全国掀起了轰轰烈烈的田园化建设。大寨是山西省昔阳县大寨公社的一个大队，原本是一个贫穷的小山村。农业合作化后，在陈永贵同志领导下，社员们开山凿坡，修造梯田，使粮食亩产增长了7倍。在大寨精神激励下，面向机械化、电气化的农业现代化建设目标，着力解决农业机械在田间作业的实际问题，从而在全国范围内全面推进田园化建设。广大农民群众肩挑背扛，将农田改造成适应机械化作业的规范丘块，投入了大量人力、物力和财力。农民群众先将几丘不同田块的耕作层泥土挑到他处集中，再将这几丘田块的底层整平夯实，最后将集中在他处的耕作层泥土回填，其间所付出的活劳动是无法计量的。

（二）生态农业运动

工业革命的成果为农业生产带来了化肥、农药和农业机械化，一度使人类兴奋，激发了人类征服自然、改造自然的雄心，但也带来了环境污染和生态危机。1962年，美国生物学家蕾切尔·卡逊《寂静的春天》一书出版，描写了杀虫剂污染带来的严重后果。1972年，巴巴拉·沃德和雷内·杜博斯主编的《只有一个地球》轰动一时，掀起了全球性的生态热和环保热。在农业领域，部分学者认为，化肥、农药和农业机械的大量使用带来了严重的环境问题，石油农业道路是走不通的，必须探索新的农业现代化道路，从而开启了替代农业探索运动（图1-9）。

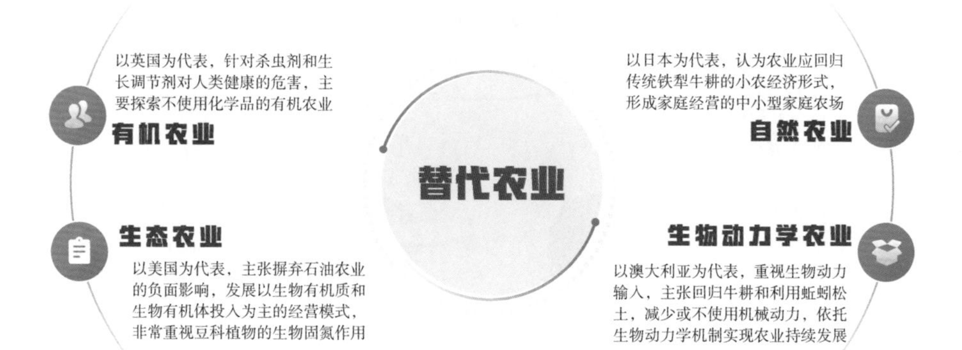

图1-9 国外替代农业的主要代表

替代农业探索运动是面对石油农业所带来的环境污染和生态危机，反思人类中心主义和掠夺式经营所带来的恶果，重新认识生物动力、有机肥、绿肥、生物固氮等自然机制和自然力的价值，唤醒人们的生态自然观——人与自然和谐共存和可持续发展。

20 世纪 80 年代，国际替代农业探索引发了人们对石油农业的反思，认为发达国家的农业工业化道路是一种失败的教训，我国的农业现代化应避开石油农业，开展生态农业探索实践，走生态农业发展道路，从而掀起了轰轰烈烈的中国生态农业运动（图 1－10）。

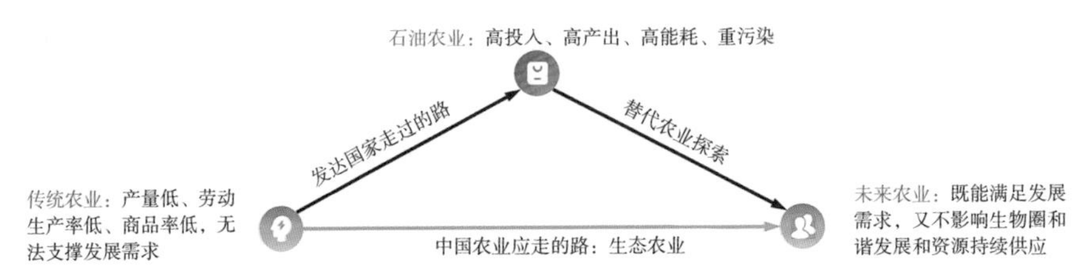

图 1－10　农业现代化道路探索

（三）新时代的现代农业目标定位

回溯历史，机械化、电气化的农业现代化道路是 20 世纪中叶的时代主题；立足当前，现代科学技术迅速发展，为农业现代化提供了强劲的技术支撑；展望未来，智慧农业是人类命运共同体的奋斗目标。进入新时代，我国重新定位：走产出高效、产品安全、资源节约、环境友好的农业现代化发展道路（图 1－11）。

图 1－11　新时代的农业现代化目标

二、现代农业建设实践

党和国家十分重视现代农业建设，领导全国人民开展了广泛的现代农业建设实践。

（一）生态农业

生态农业是指按照生态学原理和经济学原理来规划、组织和实施农业生产。中国生态农业实践活动形成了一系列生态农业技术和生态农业模式。

（1）地力培肥技术。吸纳中国传统农业精华，利用有机肥（人畜粪尿、厩肥、凼肥、堆肥、草木灰等）、绿肥（图1－12）培肥地力，实现地力常新壮，维持耕地生产能力。

豆科绿肥紫云英

生物钾肥水浮莲

图1－12　绿肥

（2）立体生产技术。中国的传统农业采用间作、混作、套作和轮作复种提高光热水肥等资源利用率，通过精耕细作提高土地生产力，奠定了立体生产的技术基础（图1－13）。

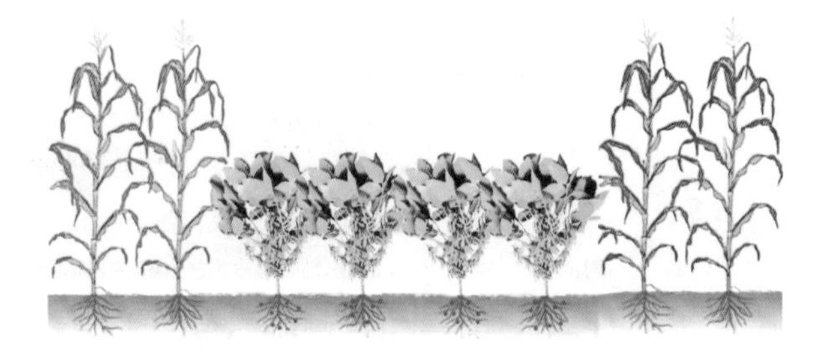

图1－13　玉米与大豆间作示意图

立体生产技术有着丰富的内涵，其中立体种植技术包括间混套作、轮作复种（图1－14），也包括多层种植、道路利用、屋顶种植、阳台农业等，核心是充分利用光热资源和空间资源。

年　度	第一年	第二年
月　份	01 02 03 04 05 06 07 08 09 10 11 12	01 02 03 04 05 06 07 08 09 10 11 12
套种连作：小麦—棉花	小麦　棉花　小麦	小麦　棉花　小麦
复种连作：水稻—油菜	油菜　水稻　油菜	油菜　水稻　油菜
复种轮作：花生—小麦、玉米—油菜	油菜　花生　小麦	小麦　玉米　油菜
复种轮作：烟草—晚稻、早稻—晚稻	烟草　晚稻	早稻　晚稻

图 1-14　多样化的农田种植制度

（3）食物链加环技术。农业生态系统的食物链简短，在原有食物链中增加新的环节，可提高效益。增加的环节直接形成产品，称为生产环，如利用农作物秸秆生产食用菌；增加的环节能够减少耗损，则称为减耗环，如农田放养蛙类；增加的环节有利于农业生物的生长发育，则是增益环，如农田施用微生物菌肥；增加的环节同时具有多种功能，则称为复合环，如农田养蜂，有利于农作物授粉提高产量，同时还能获得蜂产品。食用菌栽培，沼气发酵，蚯蚓、蝇蛆、黄粉虫等腐生动物养殖在食物链加环技术应用中具有重要作用，因而被称为生态农业三大组件（图 1-15）。

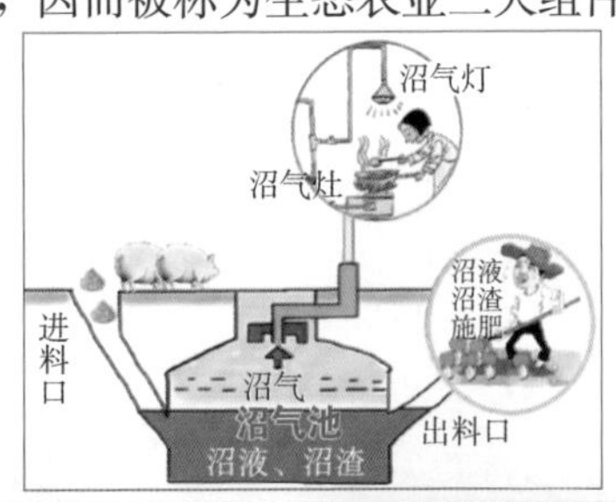

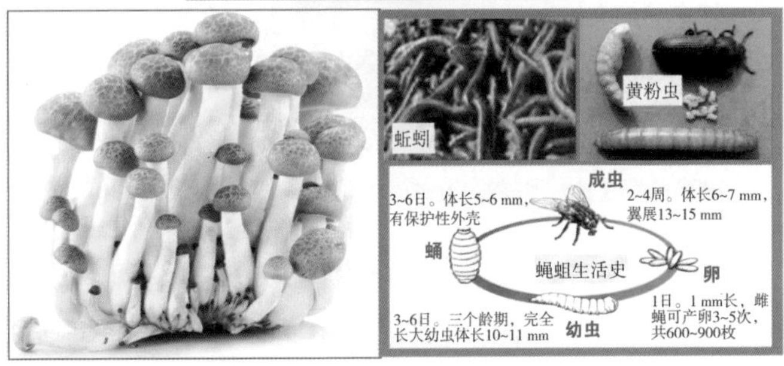

图 1-15　生态农业三大组件

（4）基塘生态农业模式。盛行于珠江三角洲和太湖流域的桑基鱼塘，是一种经典的生态农业模式，在南方水网地区，地下水位高，降水量大，通过挖塘抬基，形成了基面种桑、池塘养鱼的高效生态农业系统，通过桑叶喂蚕、蚕沙肥塘养鱼、塘泥上基肥桑，形成一个封闭的物质循环系统（图 1－16）。桑基鱼塘的进一步发展，形成了草基鱼塘、果基鱼塘、花基鱼塘等多样化基塘生态农业模式。

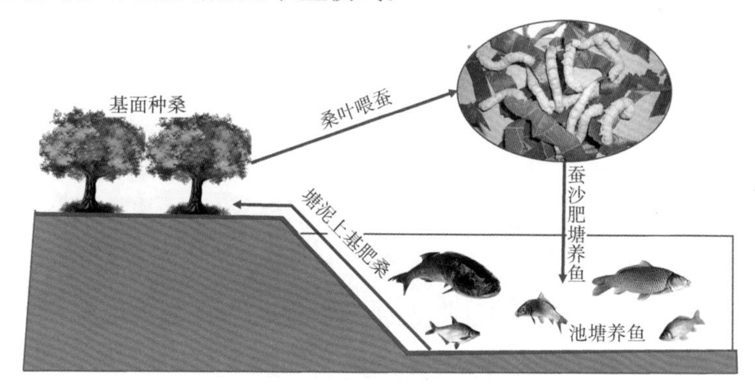

图 1－16　桑基鱼塘的物质循环

（5）生态种养模式。稻鱼共生盛行于南方水网地区，早在公元 9 世纪，浙江青田农民就建立了稻鱼共生系统（图 1－17），并不断发展出独具特色的稻鱼文化，2005 年 6 月，浙江青田稻鱼共生系统被联合国粮食与农业组织列为首批“全球重要农业文化遗产”。在这个系统中，水稻为鱼类提供庇荫和有机食物，鱼则发挥耕田除草、松土增肥、提供氧气、吞食害虫等功能，减少了对外部农业投入品的依赖，增加了系统的生物多样性，从而表现出高效益。生态种养技术的进一步发展，衍生出稻田养鸭、稻田养虾、稻田养蟹等一系列稻田生态种养模式，也发展出果园养鸡、果园养鹅、林下养殖等种养结合模式。

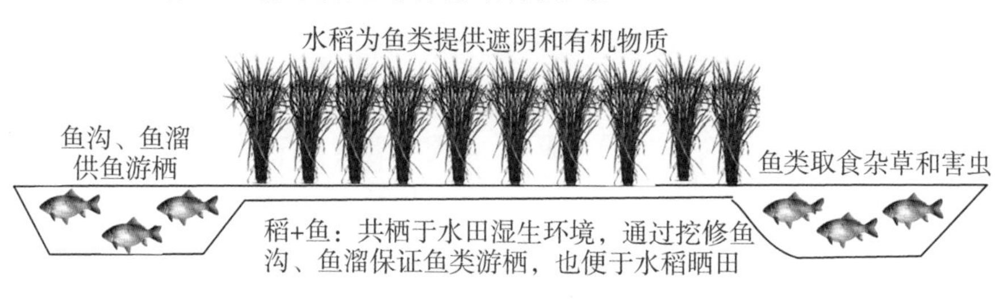

图 1－17　稻鱼共生系统

（6）庭院能源生态模式。20世纪90年代，庭院经济迅速发展，形成了南方“猪—沼—果”能源生态模式（图1-18）、北方“四位一体”能源生态模式、西北“五配套”能源生态模式。庭院能源生态模式巧妙地利用沼气、太阳能等可再生能源，实现庭院生态系统的良性物质循环和能量多级利用，在庭院经济建设中发挥了重要作用，同时奠定了中国休闲农业发展的物质基础。

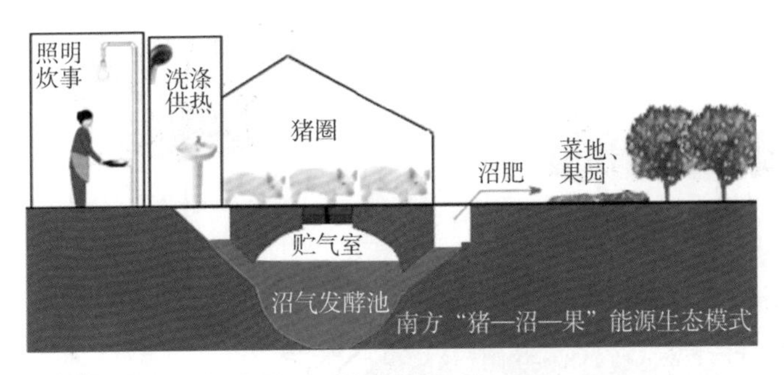

图1-18　南方“猪—沼—果”能源生态模式

（二）循环农业

在生态农业基础上发展起来的循环农业，是运用物质循环利用原理和能量多级利用技术，实现无污染、无废物的清洁生产和资源高效利用的高效农业。在农业生产领域，种植业形成初级生产力，利用光合作用形成的植物产品，同时为养殖业提供饲料或饵料，养殖业则为种植业提供肥源，种养业为农副产品加工业提供原料，加工业返还残屑可作饲料或肥料，从而形成农村种、养、加的资源循环利用（图1-19），构成循环农业的清洁生产理论基础。

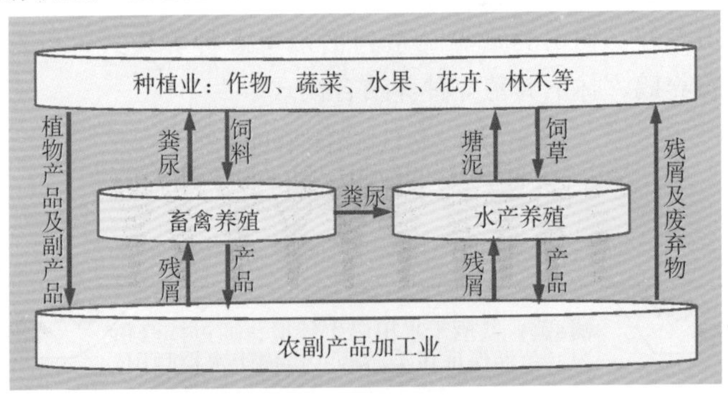

图1-19　农业生态系统内的物质循环

我国积极探索循环农业，并逐步衍生出循环农业工程模式：规模化养殖形成大量的畜禽排泄物，可以利用固液分离设备进行分流和浓缩，液体部分和农作物秸秆等可进行沼气发电，固体部分可生产商品有机肥，沼气发酵后的沼液可通过水肥一体化设备进入农田作肥料，沼渣可生产商品有机肥或复混肥，从而实现无污染、无废物的清洁生产。循环农业工程模式合理利用现代工业装备技术，减少有机肥施用过程中的活劳动消耗，适应农业规模化、专业化、标准化发展趋势（图 1－20）。

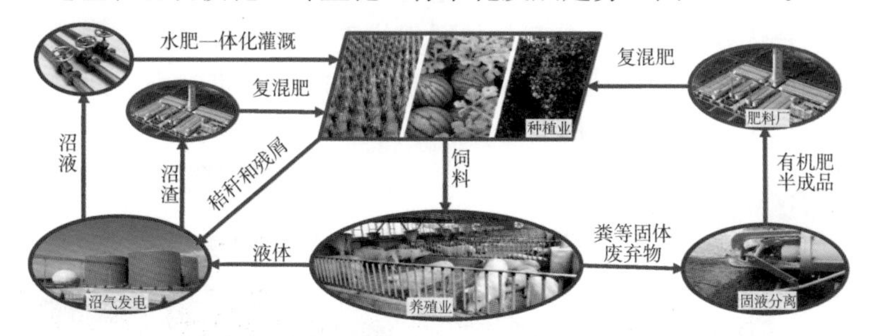

图 1－20 循环农业工程模式

在一个生产经营实体内实施，也可以形成区域经济发展模式。如何将各具优势的新型农业经营主体有效地组织起来，形成一定区域内的家庭农场、农民专业合作社、现代农业企业分工合作的区域化循环农业发展模式，是促进区域经济发展的重大举措。例如，洞庭湖区生态高值循环农业，以农业产业化龙头企业为引领，开展产前、产中、产后服务，进行农副产品精深加工，打造农产品品牌。各地的农民专业合作社开展社会化服务，负责家庭农场的农机作业、病虫害统防统治、稻谷烘干等，同时提供农产品贮藏、运输服务和农村居民生活服务，使家庭农场能够得到更高的生产效益（图 1－21）。

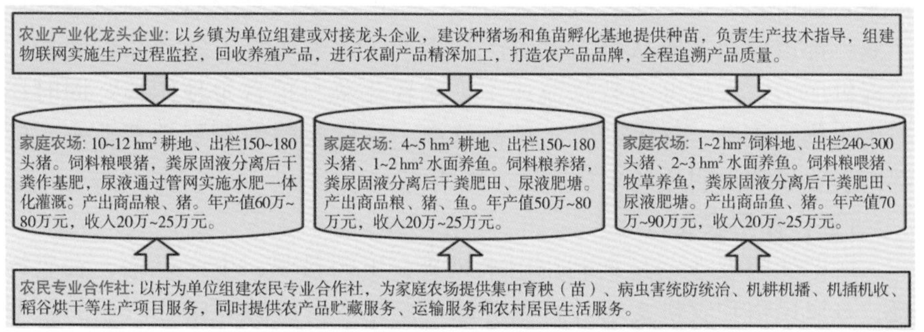

图 1－21 洞庭湖区生态高值循环农业假想模型

（三）设施农业

所谓设施农业，就是利用农业装备设施和工程技术手段，有效控制农业生产环境状态和资源供给（图 1－22）。设施农业包括设施种植、设施养殖两大类。地膜覆盖、小拱棚、塑料大棚已得到广泛应用；喷灌、滴灌等节水农艺设施在干旱地区发挥了重要作用；水肥一体化设施、无土栽培设施结合农业物联网技术和智能温室，在蔬菜、花卉生产中具有重要地位；设施农业进一步发展，植物工厂、工厂化养殖等高端设施已呈现其独特优势。设施农业充分利用现代工业装备技术，大大减少了农业生产领域的活劳动消耗，提高了农业领域的科技贡献率，同时也是推进农业规模化、专业化、标准化、信息化的重要途径。

小拱棚

塑料大棚

智能温室

图 1－22　设施农业示例

（四）都市农业

农业生产在乡村田野进行，都市农业突破了人们的传统思维。所谓都市农业，是指在城市、城郊或大都市圈内，适应现代化都市生存和发展需要而形成的现代高效农业发展模式。随着城市化进程的迅速推进，城市人口高度集中使城市供应或城市支持系统变得十分脆弱，成百上千万的城市居民每天消耗大量鲜活农产品，形成了巨大的物流成本和资源浪费。都市农业正是面对城市鲜活农产品供给困境应运而生的新型农业产业。都市农业主要从事鲜活农产品生产，大大缓解了农产品物流和贮藏保鲜压力，大幅度节省物流成本，减轻蔬菜与粮食争地困境，同时还衍生出休闲旅游、健康养生、科普教育、乡村旅游等新型消费业态，使都市农业表现出明显的多功能性（图 1－23）。

（五）休闲农业

所谓休闲农业，是指利用山水风景、田园景观、生产设施、农业场景、乡风民俗和农耕文明等特色资源，发展乡村旅游和康养产业的新型农业产业形态。中国休闲农业发端于 1995 年开始的“双休日”制度，城

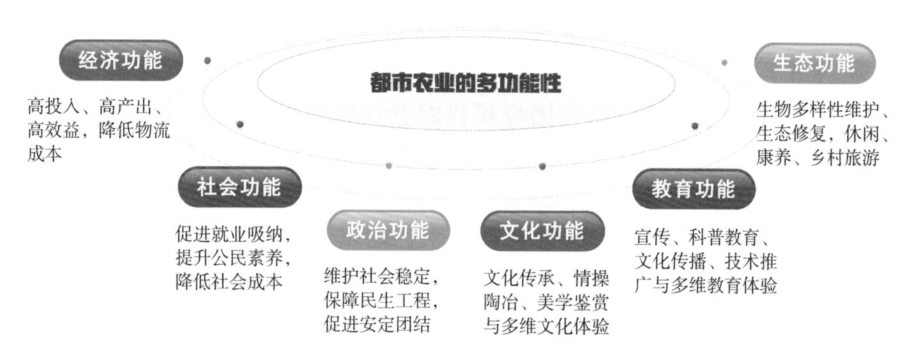

图 1－23　都市农业多功能性的主要内涵

镇居民的闲暇时间增加，衍生出新的消费需求；生态农业、循环农业、设施农业、都市农业的发展，为乡村旅游提供了独特资源和旅游吸引物，激发中国休闲农业“井喷式”发展，在促进农民致富、农业增收和农村经济社会发展方面发挥了重要作用，充分体现了农村第一、第二、第三产业协同发展和生产、生活、生态功能融合（图 1－24）。

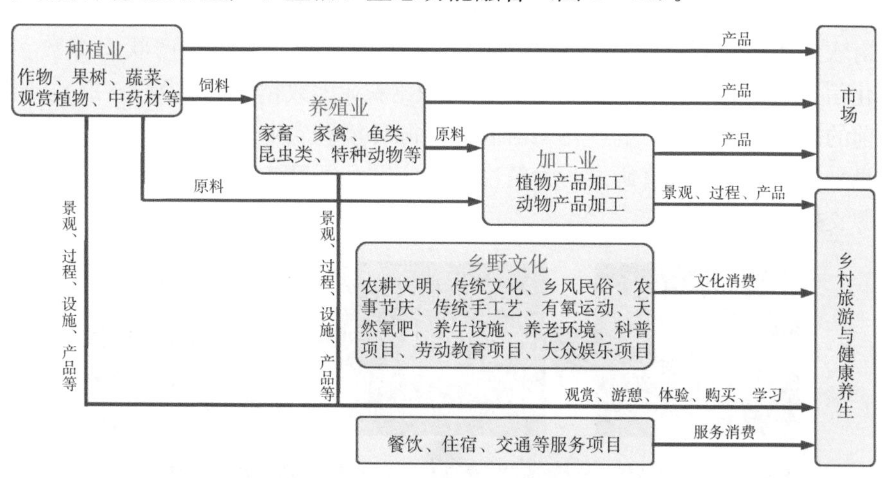

图 1－24　休闲农业的产业链

休闲农业在从事农业生产经营的同时，为乡村旅游消费者提供游憩、娱乐、垂钓、果蔬采摘、会员式种养、有氧运动、素质拓展等多样化服务，是一种新型农业产业形态，休闲农业基地所承载的休闲游憩、健康养生、乡村旅游是一类新型消费业态。

三、智慧农业探索路径

进入新时代，农业现代化与现代农业探索之路也体现了与时俱进，不是单纯地追求农业机械化、电气化，抛弃现代工业技术支持的替代农业，而是综合利用现代信息技术、现代工业装备技术、现代生物技术、现代农艺技术，引入现代经营管理理念、知识和技能，实现农业产业的产出高效、产品安全、资源节约、环境友好。智慧农业探索路径，以数字农业建设为基础、实现农业大数据资源的实时采集和有效积累，利用精准农业实践探索基于农业大数据的精准农业模型和专家系统，引入人工智能实现农业产业的自动化、智能化，开展智慧农业探索。

（一）数字农业建设

所谓数字农业，是利用现代信息技术对农业生产对象、农业资源环境和农业生产过程进行数字化表达、可视化呈现、网络化管理，奠定精准农业和智慧农业的数字资源基础。数字农业依托农业传感技术、农业遥感技术、农业物联网技术、农业大数据处理技术和云服务平台，实现对农业生产对象、农业资源环境、农业生产过程、农业生产状态等数字化信息的采集、传输、处理和应用，积累农业大数据资源（图 1－25）。当前的数字农业建设，重点在于对农业资源环境和农业生产过程的数字化信息采集、积累和价值研发，为精准农业实践和智慧农业探索提供大数据资源支撑。

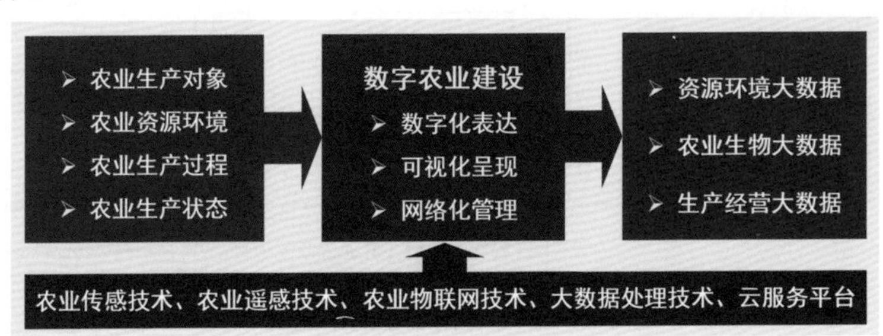

图 1－25　数字农业建设

（二）精准农业实践

精准农业是指依托现代信息技术、现代工业装备技术、现代生物技术和现代农艺技术，实现农业投入品的精量使用，精准控制农业生产环境条件和农业生产过程。精准农业的核心内涵：一是营养供给精量化，保证供给但不过量；二是环境控制精准化，使农业生物处在其最适宜的生长发育条件之中；三是过程控制精确化，对农业生产过程实现精确控制；四是农事作业高效化，积极研发轻简化、标准化、一体化农事作业技术（图 1－26）。

环境控制精准化：精准控制农业生产的环境条件，保证农业生物处于最适条件下生长发育

过程控制精确化：精确控制农业生产过程和环节，保证不同生育时期农业生物形成最佳生产性能

营养供给精量化：保证植物养分或动物饲料精量供应但不浪费

精准农业的核心内涵

农事作业高效化：研发轻简化、标准化、一体化农事作业技术

图 1－26　精准农业的核心内涵

（三）智慧农业探索

农业的未来发展方向是智慧农业。智慧农业是在数字农业建设和精准农业实践成果的基础上，依托人工智能，利用互联网、移动互联网、云服务平台、物联网，实现智能感知、智能分析、智能预警、智能决策和智能控制（图 1－27）。

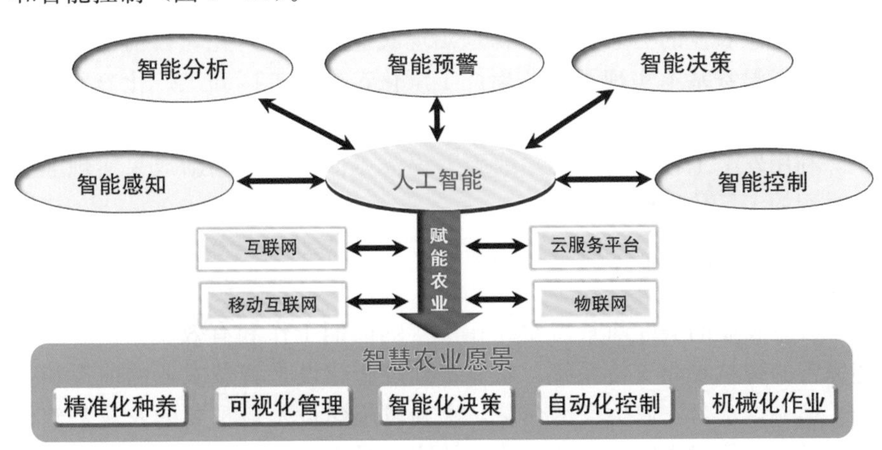

图 1－27　智慧农业基本架构

智慧农业是农业 4.0 阶段，未来农业利用自主作业农业机械和农业机器人来完成农事作业，农民只需在控制中心或利用智能手机进行实时监控、遥控指挥。当然，智慧农业的美好前景还需要全人类的共同努力和人类命运共同体的通力合作。

第三节 智慧农业发展前景

智慧农业是在数字农业建设和精准农业实践成果的基础上，全方位引入人工智能，推进农业朝智能化、自动化方向发展。

一、农业4.0目标状态

学者们按农业技术发展序列将农业分为四个阶段，一般认为目前的农业技术创新主要支撑农业3.0，即广泛开展精准农业实践探索。从农业3.0到农业4.0的发展，同样遵循从量变到质变的发展规律，即农业3.0技术积累达到一定程度后，才能跃升到农业4.0阶段。农业4.0是指即将到来的智慧农业，利用现代信息技术、现代工业装备技术、现代生物技术和现代农艺技术武装农业，大量引入人工智能技术，推进农业朝自动化、智能化方向发展。

科学理论、支撑技术、工程应用是不断发展的，智慧农业的实际状态必然会与时俱进。种植领域的无人农场，利用无人驾驶农业机械、机器人、无人机等实施农事作业，农民只需在控制中心进行监控、管理和调度。智慧农业的另一目标，就是实现农业生产工厂化，目前已广泛应用的智能温室基本实现了蔬菜生产工厂化，植物工厂和工厂化养殖也有很多成功典范。更高层次的工厂化生产则需要依赖现代生物技术研究成果，利用发酵工程、酶工程、细胞工程等方面的技术创新成果实现非生命过程的工厂化生产。

二、智慧农业支持系统

智慧农业的美好前景需要扎扎实实的前期工作和有效积累，必须构建完善的智慧农业支持系统。农业基础设施建设是智慧农业的前提和基础。第一，水是农业生产的命脉，水利设施建设是最重要的农业基础设施建设，必须建成较完善的蓄水、给水、排水设施。第二，目前我国农用地的耕地细碎化现象仍然十分严重，耕地质量等级较低，不利于机械化作业，必须大力推进高标准农田建设。第三，智慧农业依托人工智能，必须以农业大数据资源的实时采集和有效积累为基础，数字农业建设是当务之急。第四，在前面三类农业基础设施建设的同时，要重视山水林田湖草综合治理，为智慧农业提供良好的生态环境和农业资源。

智慧农业必须拥有一批高素质农业劳动者大军。为此，我国积极推进新型职业农民培育。与传统农民比较，新型职业农民应具有四大特征：职业化、专业化、层级化和多样化。职业化强调农民不再是一种身份，而是一种体面的职业；专业化表明新型职业农民是专业化的农业商品生产者，可以分为生产经营型、专业技能型、专业服务型三大类；层级化是根据其技术水平、技能熟练程度、经验丰富程度和技术创新能力等，分为初级工、中级工、高级工、技师、高级技师五个层次；多样化是指新型职业农民包括农业从业者、经理人、农艺工匠、文化能人、农业文化遗产传承人等。职业农民制度是建立在职业农民培育制度、职业资格证书制度、职业准入制度、劳动就业制度和社会保障制度基础上的一系列制度体系（图1－28）。

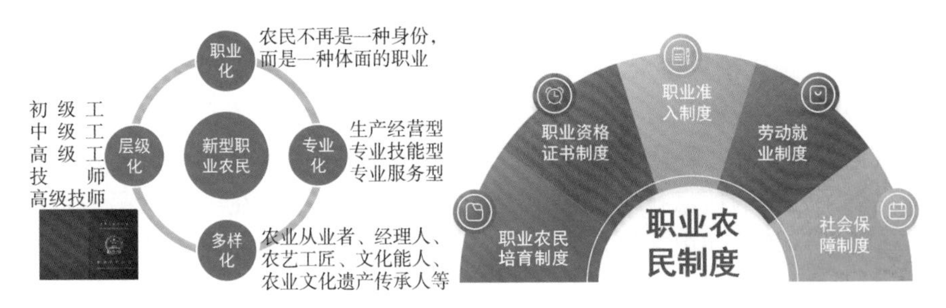

图1－28　新型职业农民与职业农民制度

智慧农业的农业经营体系建设，必须重视各类农业经营主体的合理分工和有效合作，一定区域内可组建由一个现代农业企业、若干个农民专业合作社、一批家庭农场形成的金字塔形的农业经营体系结构。农业产业化龙头企业是发育较好的现代农业企业，具有完善的法人治理结构，拥有一大批高素质管理人才和技术人才，应该成为区域智慧农业探索的引领，开展产前、产中、产后服务，进行农副产品精深加工，打造农产品品牌。各类农民专业合作社开展社会化服务，负责家庭农场的农机作业、病虫害统防统治、稻谷烘干等，同时提供农产品贮藏、运输服务和农村居民生活服务，使家庭农场能够形成更高的生产效益。智慧农业时代的家庭农场可能是无人农场或无人牧场，农业生产和农事作业全部由无人驾驶农业机械、机器人、无人机来完成，家庭农场主只需要负责监控、管理和调度。

农村服务体系建设具有一个广泛的领域。第一，农村电子商务与农产品网络营销。近年来，农村电子商务迅速普及，农产品网络营销风起云涌，改变了农村居民生活面貌，拓展了农产品营销渠道。第二，农村社会化服务体系建设。各具特色的家庭农场、农民专业合作社、现代农业企业为农业生产提供产前、产中、产后服务，构建了多样化的服务模式。第三，农业农村信息服务平台建设。农业市场信息服务平台提供市场信息，农业科技服务平台提供科技信息，农业远程教育平台提供丰富的在线学习资源，推进新型职业农民培育和农业科技文化普及。

三、智慧农业技术系统

智慧农业是农业技术发展的高级阶段，是人们对农业发展所追求的目标状态。随着现代信息技术、现代工业装备技术、现代生物技术、现代农艺技术的迅速发展，这种目标状态或愿景已初具雏形，在人类命运共同体的努力下，目标实现不是空谈，而且有可能超越当代人的想象。

（一）现代信息技术

现代信息技术具有一个庞大的知识体系、技术系统和工程范畴，以大数据、云计算、物联网、人工智能为代表的现代信息技术，为现代农业提供了强劲的信息技术支撑。大数据及其获取技术在第二章第一节介绍，物联网相关知识在第四章介绍，此处仅对云计算和人工智能做简要说明。

1. 云计算与云服务应用

大数据应用必须创新处理模式，才能形成更强的洞察发现能力、流程优化能力和决策力。云计算正是一种全新的处理模式，通过云计算实现云服务，为全球用户处理大数据提供特殊平台。

进入大数据时代，独立用户可能要面临计算能力困境、存储空间困境、硬件投资困境、安全维护困境等现实问题。与此同时，互联网上已有的大量计算机软硬件资源，总体利用率并不高，存在大量的闲置时间，如果采用技术手段把闲置的资源整合起来，将一个超大型任务分解为若干个小任务，由不同计算机来完成，就可以有效地解决大数据时代的现实困境，这就是云计算产生的基本背景。

云计算是基于互联网的计算方式，通过构建云平台实现计算机软硬件资源共享，为全球用户提供多样化的云服务。简单来说，云计算可以被比喻为自来水，家庭不用挖井，也不用借助抽水机和水塔，打开水龙头就出水，用多用少自己控制。换句话说，云计算就是从购买“计算机”变成购买“计算能力”。面对大数据处理，需要超大规模的计算能力，单台计算机或服务器很难在短时间内完成任务，这种情况下，用户通过付费享受云服务，将超大规模的计算任务提交给云平台，云平台则利用分布在各地的计算机软硬件资源，快速完成超大规模的计算任务，有效地减少成本支出，大大提升运算效率。

云平台的技术架构包括资源层、管理层、应用层（图 1－29）。资源层由物理资源和资源池构成，以物理资源为基础，将互联网上的计算机、存储器、网络设施、数据库等，构建虚拟化资源池体系，形成计算资源池、存储资源池、网络资源池、数据库资源池、软件资源池等。资源池是一种配置机制，用于对物理资源进行分区。在集群化的资源池体系中，云平台的资源池管理器提供一定数量的目标资源，在用户请求使用资源时，资源池管理器就为该用户分配一个资源池，并将该资源标识为"忙"，标示为"忙"的资源不能再被分配使用，该用户使用完毕后，资源池把相关资源的"忙"标清除，以示该资源可以被下一个请求使用，从而使资源池得到有序利用。

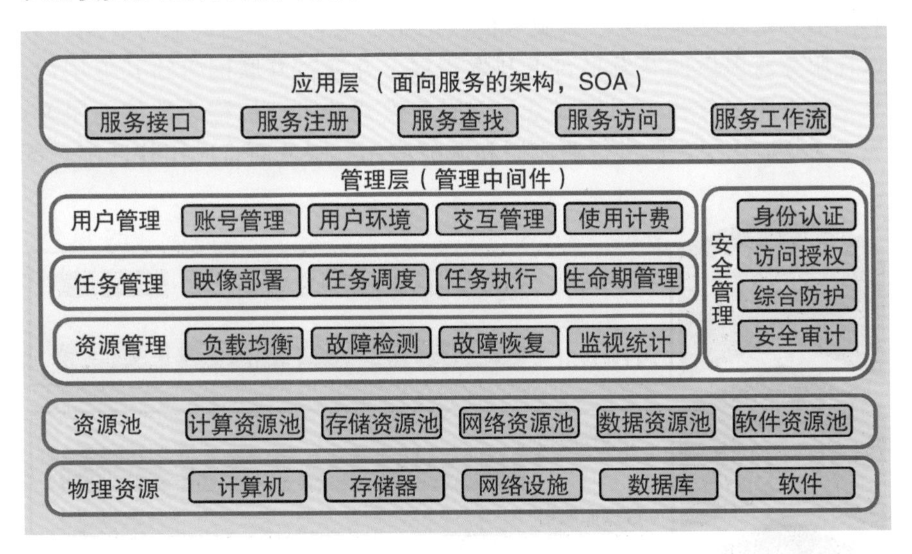

图 1－29 云平台的技术架构

云平台的管理层是实现资源层管理与应用层用户管理和资源调度的管理中间件，属于软件范畴。在资源管理方面，需要对物理资源和资源池进行负载均衡、故障检测、故障恢复、监视统计等管理和调度；在任务管理方面，需要进行映像部署与管理、任务调度、任务执行、生命期管理等工作；在用户管理方面，必须实现账号管理、用户环境配置、用户交互管理、使用计费等功能。为了维持云平台的正常运行和履行社会责任，云平台必须建立健全安全管理体系，包括身份认证、访问授权、综合保护、安全审计等。

云平台的应用层形成了面向服务的体系结构，为用户端提供服务接口、服务注册、服务查找和服务访问。云计算通过对资源层、管理层、应用层的虚拟化以及物理上的分布式集成，将互联网上庞大的计算机资源整合在一起，以整个体系构建云平台对外提供服务，并赋予用户透明获取资源和使用资源的自由。一般用户只需要面对应用层，与云服务提供商协议云服务的业务范围，完成服务注册后利用服务接口自主享受云服务。

云服务的实现方式分为三个层次（图 1－30）。云服务模式的第一层称为设施即服务，是基于资源层的服务，利用互联网上的计算机、存储设备、网络设施和安全设备等，通过虚化管理，享受备份、计算、存储和网络等基础设施服务。云服务模式的第二层称为平台即服务，用户可以在服务商提供的开发平台上开发程序，并通过互联网传给其他用户，享受数据库服务和中间件服务。云服务模式的第三层称为软件即服务，属于大众应用层，提供行业应用和服务应用，服务商将应用软件统一部

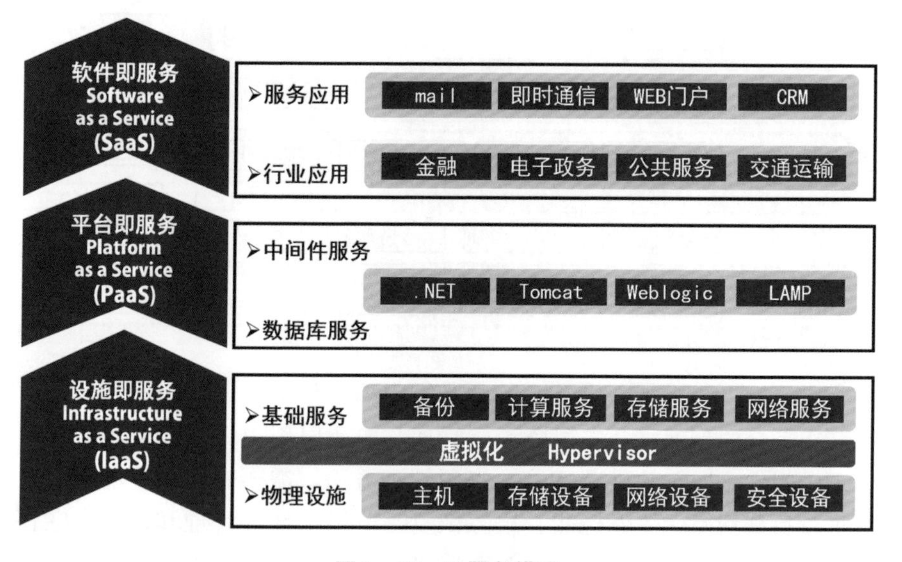

图 1－30　云服务模式

署在服务器上，用户通过互联网可以直接使用这些软件。三种云计算服务模式中，设施即服务需要由用户自己管理操作系统、中间件、运行、数据和应用程序，平台即服务则只需要管理数据和应用程序，软件即服务则用户可以直接使用云服务商所提供的应用程序。

云服务的交付模式有公共云、私有云和混合云三类（图 1-31）。公共云是基于标准云计算的模式，服务商提供各类资源，用户可以通过网络获取这些资源。私有云是为一个客户单独使用而构建的，能够实现对数据、安全性和服务质量的有效控制，企业可以构建自己的私有云，以维护商业机密。混合云融合了公共云和私有云的特点，是云计算的主要模式和发展方向。出于安全考虑，企业更愿意将数据存放在私有云中，但同时又希望获得公共云的计算资源。混合云将公共云和私有云进行混合和匹配，以获得最佳效果，形成个性化解决方案，达到了既省钱又安全的目的。

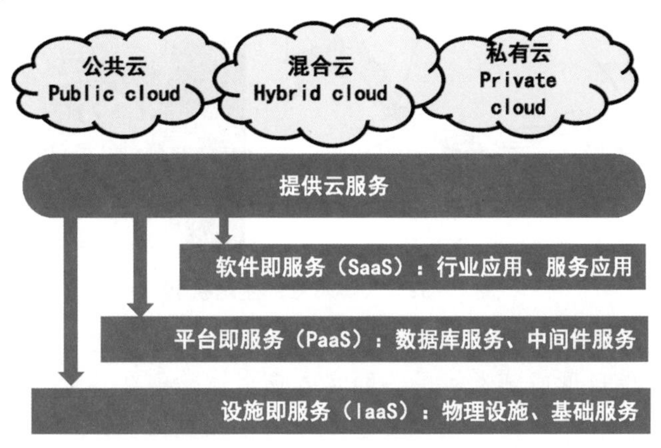

图 1-31　云服务的交付模式

云计算是大数据的处理模式创新，为物联网和人工智能应用提供了全新的解决方案。云计算为用户提供多样化的云服务模式，但本质上并没有增加新的资源，而是实现了全球资源的颠覆性共享，极大地拓展了开放性和透明度。

2. 人工智能的技术原理

人工智能是当今世界最活跃的前沿学科，它涉及计算机科学、心理学、哲学和语言学等，是一个庞大的学科领域，是典型的多学科协同创新研究领域。

简单地说，人工智能是借鉴、模拟、模仿人类智能的新兴学科或研究领域。智能机器人是人工智能领域的典型成果。开展人工智能研究，设计和制造模拟人类智能的智能机器，必须深入了解人脑的运行机制，包括人类思维的生理机制和心理机制。

从生理机制角度探讨，人类思维源于对外界信息的获取、加工与应用，这需要依赖感觉器官、神经元、周围神经系统和中枢神经系统的协同工作。眼、耳、鼻、舌、肤等感觉器官接受外界信息，是人类思维的起点，这些感觉器官接受外界信息的能力来自于多样化的神经元，神经元感受到信息后将相关信号传输到周围神经系统，进而传送到中枢神经系统。人类思维的实际运行系统和控制中心是大脑，大脑对各类信息进行一系列复杂的综合处理过程，形成相应的决策并付诸行动，形成人类思维的生理机制和自主行为能力基础（图 1 - 32）。

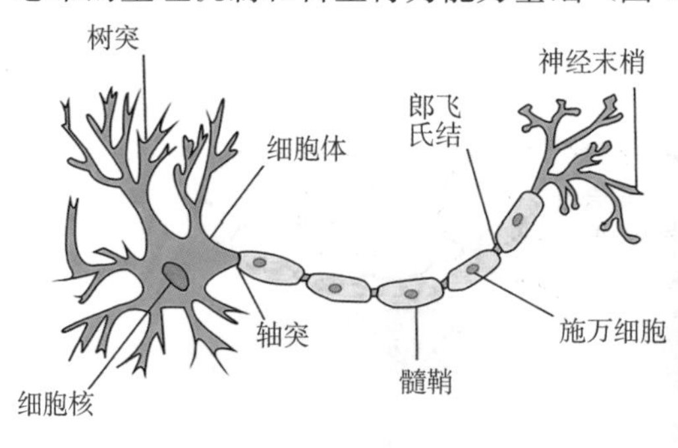

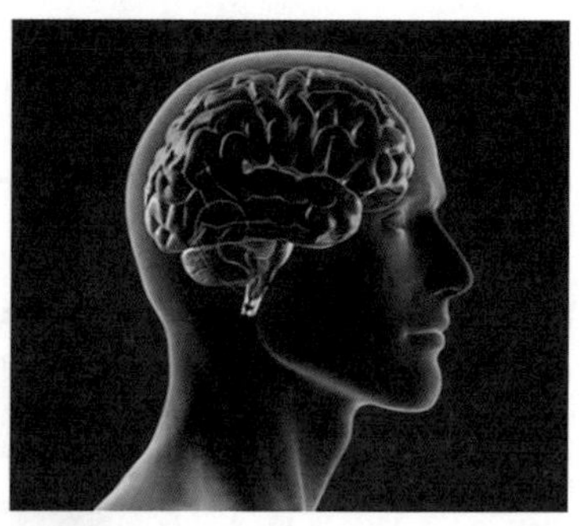

图 1 - 32 人类思维的生理机制

人类思维的心理机制，体现为一系列复杂的心理过程。基于感觉器官获取外界信息形成感觉，是一种实体感官体验；在感觉的基础上综合原有知识、经验而形成知觉，这是一种综合知觉体验；在感觉、知觉基础上结合个体的情感、意志形成综合判断或主观思维体验，属于意识范畴；在主观意识和客观现实面前，大脑必须形成明确决策，这是一种综合思维体验；根据决策由中枢神经系统指挥形成语言表达或肢体运动，就是行动，这是决策实施过程；行动付诸实践后得到了特定的实际效果，大脑的后续活动就是一种反馈思维体验。这是对人类思维心理机制的链条式表达，实际上人类思维是很多这类链条式过程交织在一起，依托神经系统形成复杂的网络关系（图 1 - 33）。

模拟人类思维的生理机制和心理机制，形成了多学科融合的人工神经网络技术，奠定了计算机深度学习的技术基础。人工神经网络是一种模仿动物神经网络行为特征的数学模型。人工神经网络的基本结构是输

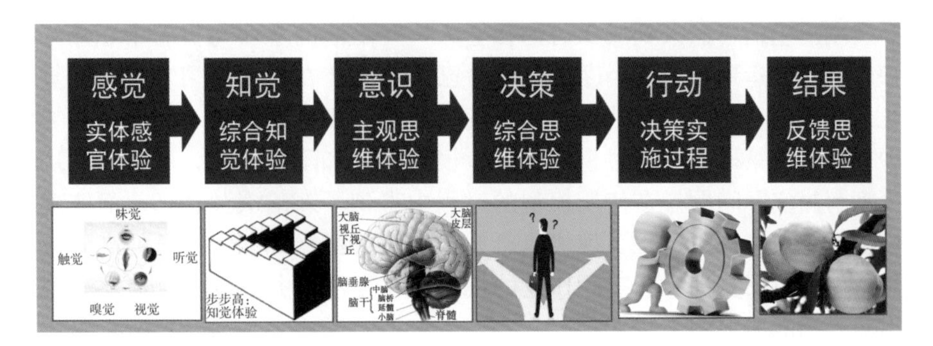

图 1－33 人类思维的心理机制

入层获取各类信息，若干个隐藏层对这些信息和原有知识进行综合处理加工，最后到输出层形成输出信息。在这里，人工神经网络的本质还是科学计算。

以图像识别为例，当我们看到某个实物，比如公鸡，首先通过眼睛获取图像信息，包括外形轮廓、颜色等，这些信息通过视神经进入大脑以后，经过中枢神经整合形成感觉，再调用原有知识、经验综合判断形成知觉，结合主观思维体验形成意识，如果我们以前见过公鸡，就会形成这是一只公鸡的完整认知过程。计算机深度学习的人工神经网络正是模仿这一过程，通过传感器获取图像信息，形成输入层的像素阵列，运用云计算调用云平台资源池中的图像进行比对和模糊识别，基于人工神经网络隐藏层就会形成感觉—知觉—意识的类似过程，最终形成输出层的结果（图 1－34）。

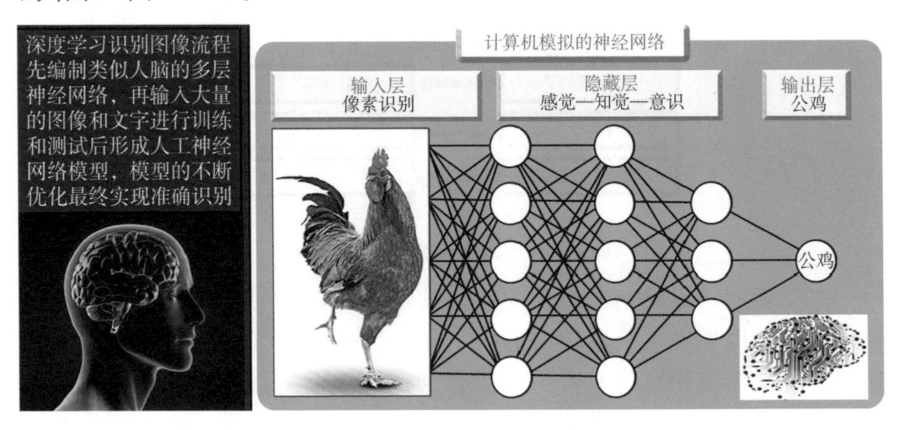

图 1－34 深度学习识别图像过程

刚出生的自然人到成年后的社会人，在不断的学习与检验中积累知识、经验并运用于实践，逐步提升自己的能力。在机器学习领域，计算机依托海量、实时、非结构化大数据资源进行训练和测验，从而得到专项任务的决策模型，通过模型验证、模型测试和不断优化，就可以利用模型解决实际问题。在使用模型的过程中得到了新的大数据，从而实现模型的递进式优化过程。现代信息技术对大数据资源和云计算的高效应用，使经过反复训练和实际作业的机器人在专项任务方面完全能够表现出超人的能力（图 1-35）。

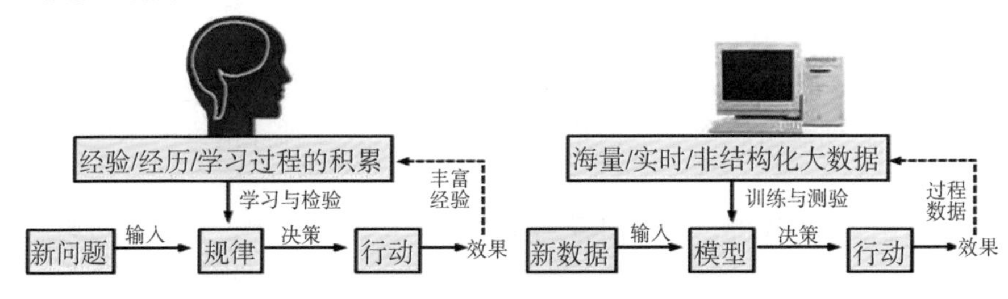

图 1-35　人类学习与机器学习

人工智能是机器模拟人脑的思维机制，但机器始终是物理设备，在模拟人类思维的生理机制方面，必须配备相应的硬件资源，采用各种传感器模拟人类的感觉器官，实现人工智能的数据采集；复杂的通信设施实现系统内的数据传输，类似于人类周围神经系统；基于多层感知器的人工神经网络完成复杂的函数运算和推理，类似于中枢神经系统（图 1-36）。

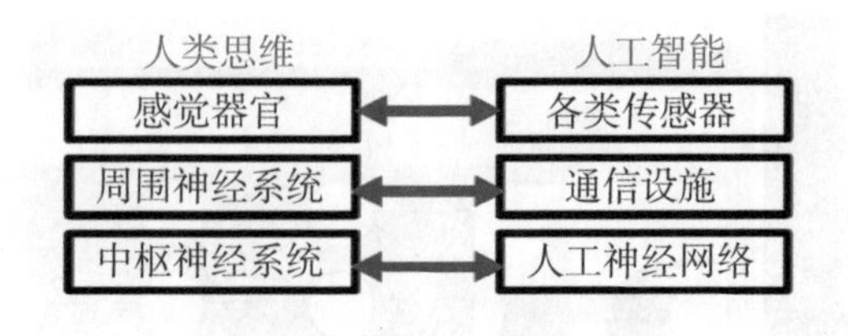

图 1-36　人类思维与人工智能

人工智能已形成一个庞大的知识领域，机器学习是人工智能的方法论基础，深度学习是机器学习的一个全新领域。人工智能的最大空间和挑战，就是模拟和超越人类的创新思维，伟人们的直觉、灵感、顿悟等尚没有心理学基础和哲学根基，机器模拟也就无从下手，这也正是人工智能面临的巨大挑战。

（二）现代工业装备技术

智慧农业具有一个庞大的技术体系，在现代工业装备技术方面，一是为智慧农业提供各种无人驾驶自主作业农业机械、无人机、机器人等智慧农业装备。二是提供各种新型肥料和高效低毒低残留农药，如缓释肥可在田间缓慢产生肥效，减少田间追肥次数，持续为作物提供养分。三是提供多样化的新材料，如智能温室专用材料，各种地膜，岩棉、蛭石、无纺布等无土栽培专用材料等。现代工业装备技术的具体内容在第三章详细介绍。

（三）现代生物技术

现代生物技术迅速发展，植物组织培养技术、动物克隆技术可实现快速繁殖；体细胞杂交可创造新物种；基因工程、细胞工程创制新的种质资源定向改造农业生物；诱变育种、太空育种、分子标记育种等新技术应用，为农业生产提供更多高产、优质、多抗、适宜机械作业的新品种资源（图 1－37）。

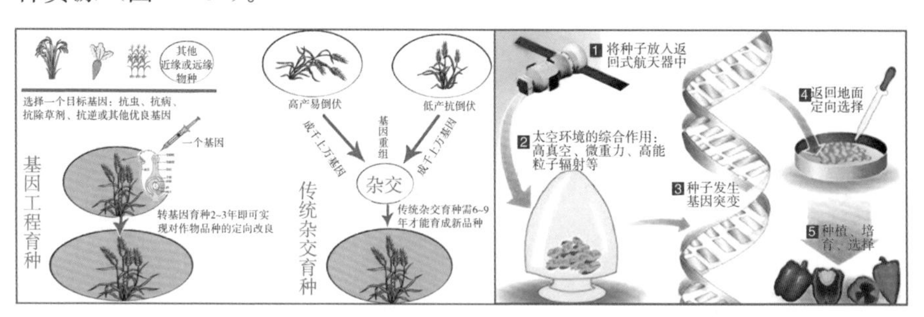

基因工程　　太空育种

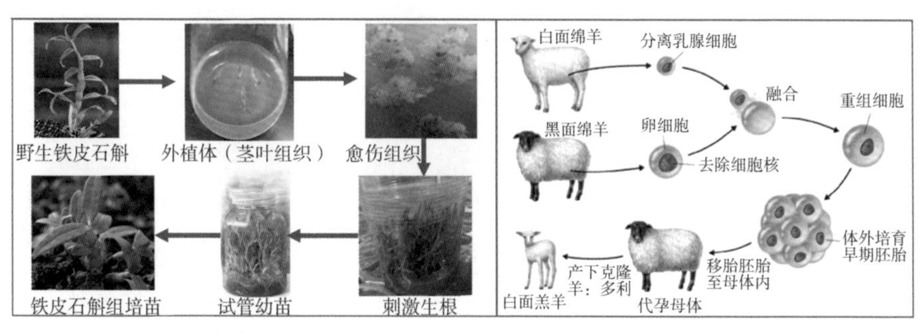

植物组培　　动物克隆

图 1－37　现代生物技术示例

（四）现代农艺技术

根据农业生产项目不同，农艺技术包括作物生产、果树生产、蔬菜生产、观赏植物生产、药用植物生产、林木生产等种植技术，以及畜禽养殖、水产养殖等养殖技术。现代农艺技术是对传统农艺技术的改造和升华，不同生产项目有不同的要求和技术创新空间，机械化、专业化、标准化、信息化是现代农艺技术的核心内涵。

第二章　智慧农业感知技术

智慧农业感知技术包括农业传感技术、农业遥感技术、物品标识技术、探测技术和面板数据采集技术。探测技术主要应用于农业科技创新，面板数据则是政府决策部门和农业信息机构的主要工作内容，在此不作介绍。

第一节　大数据及其获取技术

一、计算机数据概述

计算机的基本原理是存储程序和程序控制，这是冯·诺依曼原理的核心思想。一台电子计算机必须同时具有以下部件：控制器实现对系统的指挥调度，运算器完成用户需求的科学计算，存储器存储程序和各类数据，输入设备允许用户向系统输入数据或指令，输出设备将计算机操作结果呈现给用户（图 2－1）。

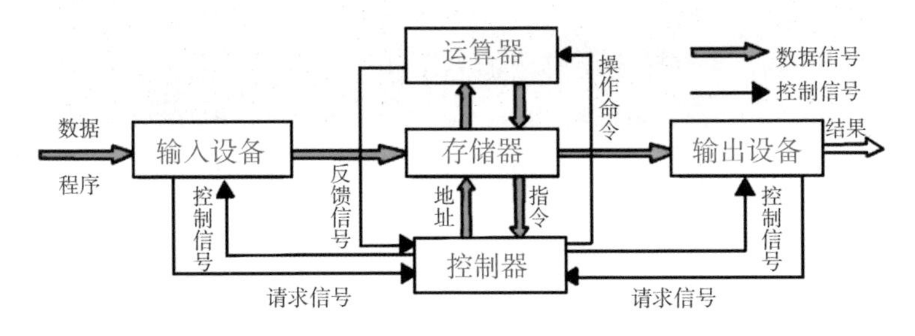

图 2－1　计算机的组成

计算机是一种电子设备，内部操作过程只能通过电信号控制，如开/关或电脉冲有/无，即只可能有两种状态，因此计算机工作时内部使用的是二进制，只有“0”和“1”，其中“0”代表关或无电脉冲，“1”代表开或有电脉冲。二进制的运算规则是“逢 2 进 1”，日常使用的十进制与二进制、八进制、十六进制具有特定的对应关系（图 2－2）。

十进制数	0	1	2	3	4	5	6	7	8	9	10	11	12	13	14	15
二进制数	0000	0001	0010	0011	0100	0101	0110	0111	1000	1001	1010	1011	1100	1101	1110	1111
八进制数	0	1	2	3	4	5	6	7	10	11	12	13	14	15	16	17
十六进制	0	1	2	3	4	5	6	7	8	9	A	B	C	D	E	F

图 2-2　4 种进位制的数值对应关系

计算机数据是指能够输入到计算机并被计算机识别和处理的信息。实际上，计算机处理和网络传输的数据始终是二进制代码，称为数字信息。客观世界呈现在人类面前的信息，表现为影像、声音、自然语言和实时过程，属于源信息。人类使用计算机时可以将这些信息输入到计算机，或采用各类信息采集设备获取源信息，实际输入到计算机的信息具体表现为数值、字母、符号和图像、音频、视频等模拟量，它们被计算机软件转换为机器代码，所以计算机处理和网络传输的数据，实际上都是二进制代码（图 2-3）。A/D 转换是指将图像、音频、视频等模拟信号转换为数字信号，将模拟信号转换为数字信号的电路称为模数转换电路，也称为模数转换器或 A/D 转换器。

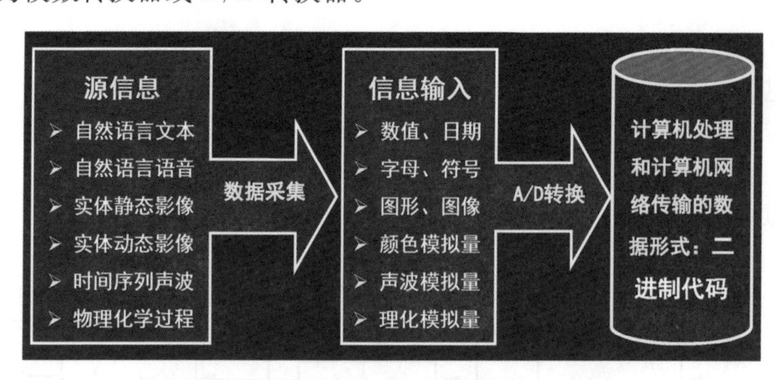

图 2-3　从源信息到数字信息的转化过程

二、大数据及其特征

所谓大数据，是指体量巨大，无法采用常规手段获取、传输和处理，需要应用新的处理模式才能形成更强的洞察发现能力、流程优化能力和决策力的海量、高增长率和多样化的信息资源。计算机中 1 个二进制数称为 1 个二进制位。信息存储单位以字节计算，1 字节存储 8 位二进制数，比字节更大的单位按 2 的 10 次方几何级数上升，分别为千字节、兆字节、吉字节等，常规数据的存储单位一般只需要若干兆字节，图像、音频、视频等大数据资源的存储需要用到若干吉字节、太字节、拍字节，所以称为“大数据”（图 2-4）。

大数据具有五大特点：一是数据体量巨大，存储单位从吉字节上升到太字节、拍字节、艾字节、泽字节级；二是类型多样，包括文本、图像、音频、视频等多种信息形式；三是速度快，包括大数据产生和更新快，发展速度快，要求输入/输出速度快；四是价值空间，表现为低价值密度和高应用价值，即单位数据量的价值不高，但通过大数据处理后能够获得很高的应用价值；五是真实可靠，不会介入操作人员的主观影响（图 2-5）。

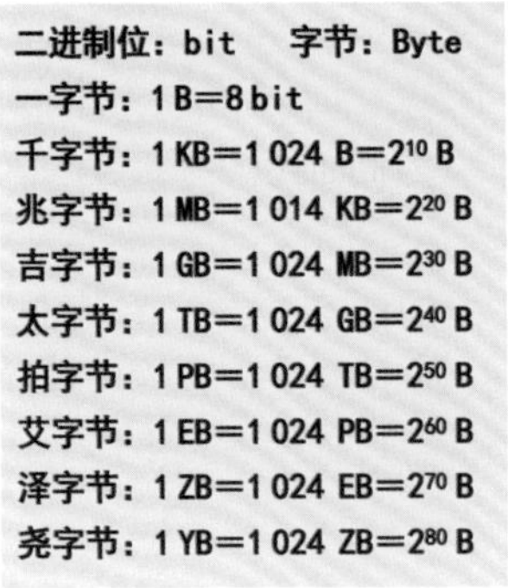

二进制位：bit　字节：Byte
一字节：1 B=8 bit
千字节：1 KB=1 024 B=2^{10} B
兆字节：1 MB=1 014 KB=2^{20} B
吉字节：1 GB=1 024 MB=2^{30} B
太字节：1 TB=1 024 GB=2^{40} B
拍字节：1 PB=1 024 TB=2^{50} B
艾字节：1 EB=1 024 PB=2^{60} B
泽字节：1 ZB=1 024 EB=2^{70} B
尧字节：1 YB=1 024 ZB=2^{80} B

图 2-4　数字信息的存储单位

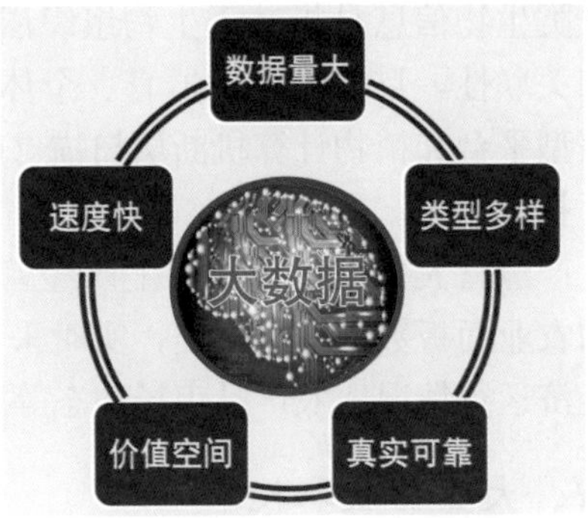

数据量大
类型多样
真实可靠
价值空间
速度快
大数据

图 2-5　大数据的一般特征

三、农业大数据资源

农业大数据是指农业领域的数字信息资源，数字农业建设的基本任务是获取农业大数据资源，奠定精准农业、智慧农业的数据资源基础。农业大数据资源可以分为资源环境大数据、农业生物大数据、生产经营大数据三大类（图 2-6）。

农业大数据
资源环境大数据：利用传感技术实时监测各种气象因子、土壤因子、水分因子、生物因子所获取的农业大数据资源
农业生物大数据：内源本体类生物信息（基因组学）、生命活动类生物信息（代谢组学）、表型特征类生物信息（表型组学）
生产经营大数据：基础设施监测信息、生产过程监测信息、农业经济运行情况监测信息、农产品市场监测信息

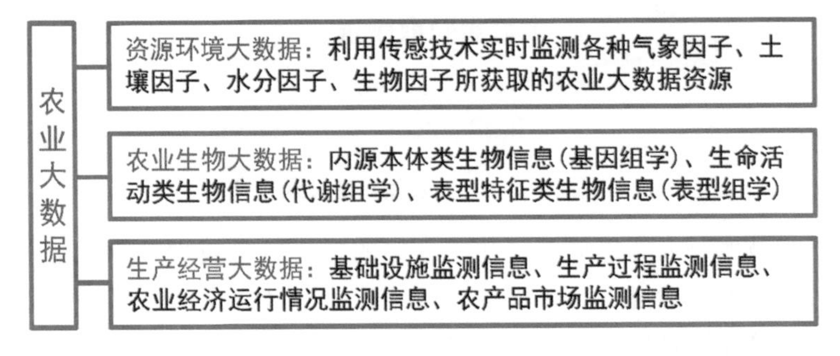

图 2-6　农业大数据资源

资源环境大数据是指利用各种农业传感器，实时监测气象因子、土壤因子、水分因子和生物因子的大数据资源。田间监测气象因子、土壤因子、水分因子等的当前状态和变化规律。

农业生物大数据也称为生物信息，分为三大类：内源本体类生物信息、生命活动类生物信息、表型特征类生物信息。内源本体类生物信息是指生物基因型及其表达过程所形成的生物信息，属于基因组学的研究范畴。生命活动类生物信息是生物的生命活动过程以及生物响应环境所形成的生理、生化、代谢机制监测信息，属于代谢组学的研究范畴。表型特征类生物信息是指基于生物组织层次的高通量表型监测信息及其遗传机制关联性，目前侧重于器官、个体、种群层面的研究，田间高通量植物表型平台和植物计算机断层扫描（CT）为高通量生物表型信息采集提供了技术支撑。

生产经营大数据包括农业生产经营过程的静态物象、动态过程监测信息和农业面板数据资源三类，实时采集农业生产过程、农业生产设施、农业经济运行情况、农产品市场动态等监测信息。

四、大数据获取技术

大数据获取技术有传感技术、遥感技术、标识技术、面板数据采集技术和探测技术（图 2－7）。

图 2－7 大数据获取技术

传感技术是人类感觉器官功能延伸的现代信息技术。传感是一种接触性感知，主要通过安装在现场的各种传感器来实现信息感知和数据采集。传感器是一种检测装置，能感知被测对象的物质、化学、生物学信息。传感器实时感知被测对象的输出信息，类似于人类的感觉器官，如声敏传感器类似于听觉，光敏传感器类似于视觉。

遥感是指非接触性的远距离感知，卫星遥感通过人造地球卫星获取地面信息，航空遥感利用飞机、无人机获取地面信息，近地遥感采用车载、船载、高塔搭载遥感设备实现数据采集（图 2-8）。

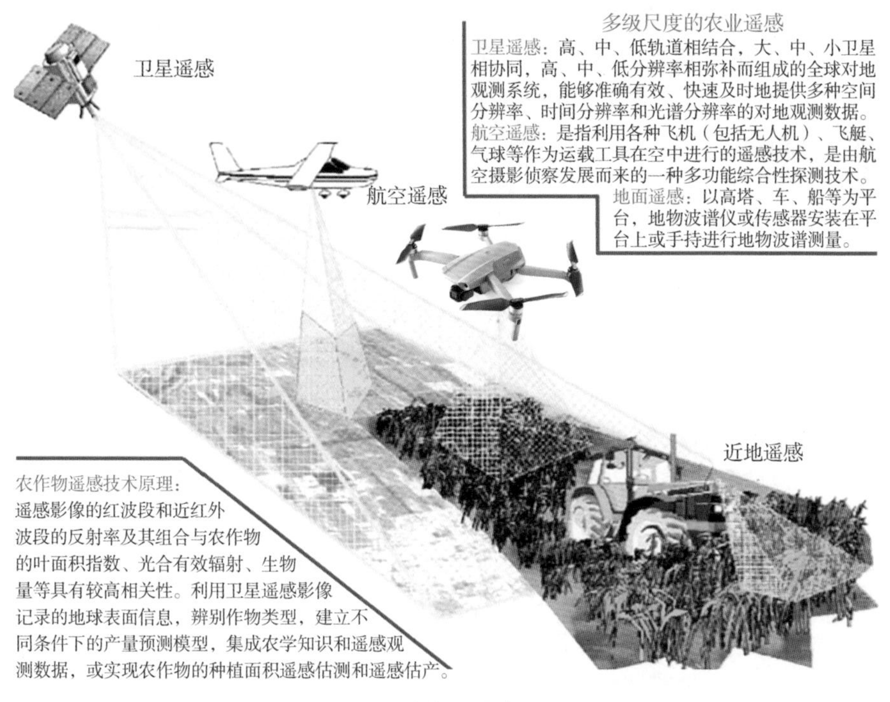

图 2-8　多级尺度农业遥感

探测技术则是针对不同需求，利用激光、雷达、微波、红外线、X射线、伽马射线等技术获取大数据资源。

面板数据是指在时间序列上取多个截面获取的样本数据，面板数据采集技术包括系统日志数据采集、网络数据采集、面上普查、抽样调查、上报统计数据等，广泛应用于商贸交易数据采集、生产经营数据采集等领域。

大数据是一场生活、工作和思维的变革。第一，大数据时代为利用所有数据提供了可能，能够利用全部数据就不需要做抽样调查。第二，采集和处理大数据打开了一扇新的世界之窗，混杂性的大数据资源具有特殊的应用价值。第三，不是所有的事情都需要事先知道现象背后的原因，而是要让数据自己“发声”，让大数据说话！

第二节 农业传感技术

一、传感技术基础知识

(一) 传感技术原理

古代神话传说中有千里眼、顺风耳之说，那是人类对器官功能延伸的美好幻想。传感技术是延伸人类感觉器官功能并实现智能感知的现代信息技术。传感是一种接触性感知，主要通过安装在现场的各种传感器来实现信息感知和数据采集。传感技术利用各种传感器从信源获取信息，并对这些信息进行处理或变换，使之成为能够被计算机识别和网络传输的数字信息。如无线光照传感器可以获取现场的光照强度数据并以无线方式发送。农业生产中常用的速效水分检测仪可快速检测出探针插入点的水分含量，并在其液晶显示屏幕上呈现，就是农业传感技术的应用实例。

传感是一种接触性感知，传感器探头置于现实环境中，可以实时监测各种物理、化学或生物学指标。传感器一般由敏感元件、转换元件、接口电路和辅助电源四部分组成，敏感元件直接感受被测量，并输出与被测量有确定关系的物理量模拟信号；转换元件将敏感元件输出的物理量模拟信号转换为电信号；接口电路负责对转换元件输出的电信号放大并调制为数字信息；转换元件和接口电路一般还需要辅助电源供电（图2-9）。此外，传感器将感知信息转换为数字信息以后，还需要相应的记录部件、传输部件、显示部件等辅助部件来实现数据存储、处理和应用。

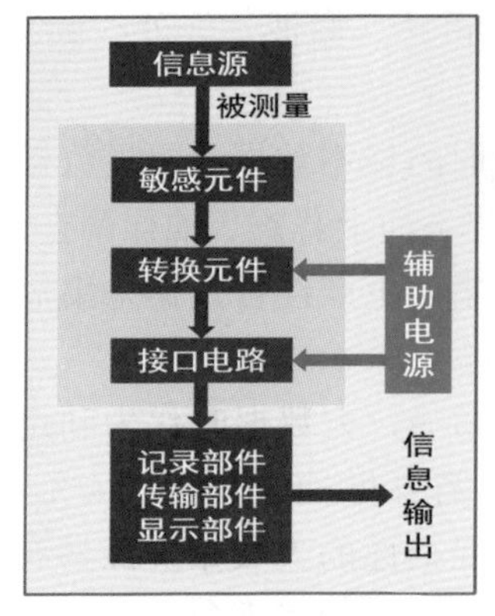

图2-9 传感技术原理

例如，新冠疫情期间大量使用的测温仪，核心部件红外探测器就是一种温度传感器，其敏感元件利用红外热辐射效应感知温度，通过转换元件把模拟信号转换为数字信息，再通过接口电路传输到 LED 显示屏，在这里，热感应器、转换元件、接口电路和显示屏都需要供电，因此测温仪必须装上电池才能工作。

（二）农业传感器

传感器的核心部件是其敏感元件，不同敏感元件可感知不同的物理、化学、生物学指标。例如，热敏元件感知物体表面、内部或空间的温度或热量。光敏元件感知现场环境的光照强度或光谱特征。气敏元件感知现场环境的气体种类及其浓度或含量。力敏元件感知物体表面、内部或空间的力学指标。磁敏元件感知现场环境的磁场或磁性量。湿敏元件感知现场环境的相对湿度或含水量。声敏元件感知现场环境的声波特征指标。色敏元件感知现场环境的颜色及其光谱特征。放射线敏感元件感知现场环境的放射性元素特征参数。

随着信息技术和电子工业的发展，现代传感器生产工艺水平不断提高，并表现以下特点：一是微型化，体积小、重量轻、耗电少；二是数字化，能够将敏感元件感知的特征指标模拟信号转换为数字信息，便于计算机识别和网络传输；三是智能化，现代传感器可以实现自动感知、实时感知、智能感知；四是多功能化，即一种传感器内部可以集成多种敏感元件，实现多元信息智能感知；五是系统化，根据传感技术原理，将敏感元件、转换元件、接口电路，乃至辅助电源和输出设备实现一体化集成，形成体系化的智能感知专用设备；六是网络化，即能够实现网络化传输信息，可采用现场总线技术集成多种传感器的感知信息后，再通过短距离通信协议实现无线传输或有线传输，也可以单个传感器直接利用无线发送。

传感器种类很多，从感知信息的性质角度，可分为物理传感器、化学传感器、生物传感器。其中，物理传感器用于感知或检测被测对象的物理量，如光、热、力、电、磁等。化学传感器是感知化学信息并将其浓度转换为电信号的设备。如气体传感器、铵离子传感器、酸碱度传感器。生物传感器是用生物活性材料，如酶、蛋白质、DNA、抗体、抗原、生物膜等，对被测对象进行分子识别，获取相关特征信息，再将这些特征信息转换为电信号输出。

（三）农业传感技术应用

农业传感技术是利用各种农业传感器，实时采集农业资源环境、农业生物、农业机械设备、农业生产过程的数字信息，奠定精准农业实践和智慧农业探索的农业大数据资源基础（图 2－10）。

图 2－10 农业传感技术应用

农业传感技术的发展水平主要依赖于农业传感器技术的发展，当前，市场上的农业传感器多数是工业传感器的改装，性能参差不齐，应用范围也各不相同。总体说来，用于感知物理量的物理传感器技术较成熟，如光照传感器、温度传感器等的精准度都比较高，农田微气象站已广泛应用于气象因子监测。感知化学指标的化学传感器技术参差不齐，二氧化碳传感器、溶解氧传感器技术较成熟，但土壤养分传感器、重金属传感器改进空间很大。生物传感器基本还处于研发阶段，生产应用距离较大。

实时监测类农业传感技术主要用于实时监测农业资源环境和农业生物的数据指标。根据监测目的和要求不同，可以选用不同的农业传感器。对于养殖水体，溶解氧传感器实时监测水体中的含氧量变化，水体温度传感器实时监测水温及其变化情况，水体酸碱度传感器监测水中 pH 值及其变化，电导率传感器监测水体的盐分总量与水体纯度。关于土壤因子，土壤温度传感器监测土壤温度，土壤含水量传感器监测土壤墒情，土壤酸碱度传感器监测土壤 pH 值，土壤电导率传感器监测土壤盐分，土壤养分传感器监测氮、磷、钾等营养元素水平。关于气象因子，空气温湿度传感器监测空气温度和相对湿度，光照度传感器监测光照强度或太阳辐射量，风速风向传感器监测气流变化，降雨量传感器监测大气降水情况，二氧化碳传感器主要用于智能温室内监测二氧化碳浓度及其变化情况。

智慧农机需要使用大量传感器，以实现基于无人驾驶的精准导航、智能感知、智能避障、自动识别和精准作业。动态监测中最常用的传感器是各种各样的视频监测设备，包括各种类型的摄像头和视频监视器。动态监测的随动响应则依托智能控制系统，根据动态监测信息进行自动控制和自主作业。农业生产过程的动态监测包括农业生产现场监测、农事作业过程监测、农事作业效果监测、农机作业强度监测、农机作业目标判别等，目前主要参考各种工业传感器进行二次研发，实现动态监测和随动响应。

农业传感技术是农业物联网工程的基础和核心，利用各种农业传感器建成农业物联网，可以智能感知农田、设施农业、畜牧养殖、水产养殖等生产现场和生产过程的各种信息，也可以获取资源环境、农业生物、农机作业和农事操作等农业大数据资源，物联网的监控中心通过分析、处理和应用这些大数据资源，可以实现数字化表达、可视化呈现、网络化传输、智能化决策和自动化管理，推进现代农业建设步伐。

二、气象信息传感技术

在农业生产的自然环境中，光、热、水、气等气象因子是起主导作用的、最活跃的生态因子，干旱、洪涝、风暴、冰霜雪雹等气象灾害则是人类和农业生产必须面对的自然灾害。各种气象因子通过不同途径或方式直接影响农业生物的生长发育，同时也直接影响农业生产过程和农事作业，在很大程度上制约着农产品的产量、质量以及农事作业的质量和效率，实时监测气象因子的状态及其变化规律是数字农业建设的重要内容。

（一）气象信息传感器

1. 光照度传感器

监测太阳辐射的农业传感器主要有光照度传感器、光合有效辐射传感器等（图 2－11）。

光照强度是指单位面积上接受的可见光通量，简称照度，单位勒克斯（lx）。1 m^2 面积上接受的光通量是 1 lm 时，光照强度就是 1 lx。一般室内活动需要 100 lx 光强，阅读和书写需要 300 lx 光强，夏季正午的太阳光照强度可超过 10 万 lx。光照强度直接影响植物的光合作用，在一定范围内，光照强度越大，植物的光合作用越强，积累的同化产物也越多。

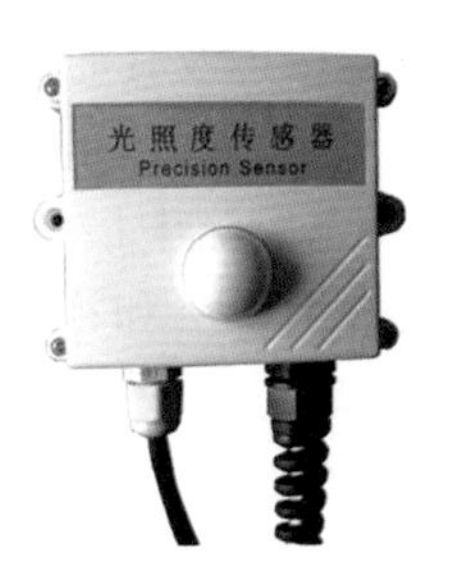

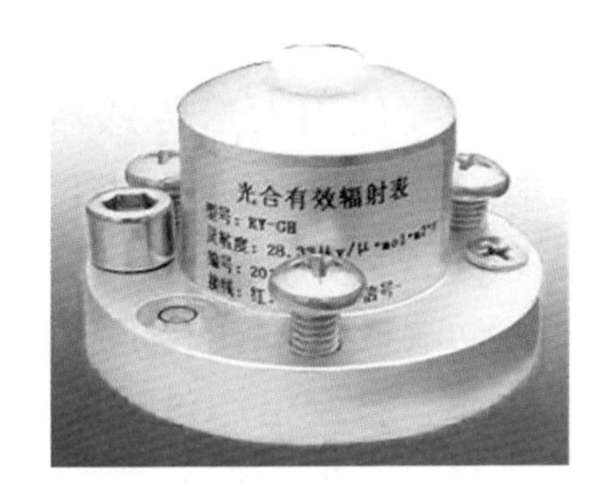

图 2-11 光照度传感器（左）与光合有效辐射传感器（右）

光照强度对农业动物的生长发育也具有重要影响。监测光照强度通常使用光照度传感器，图 2-12 呈现的是湖南醴陵基地的光照强度监测数据，2020 年 11 月 12 日 11 时的光照强度为 7.32 万 lx。

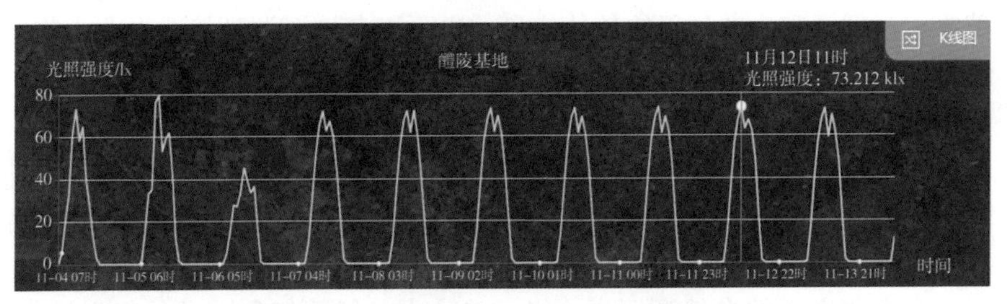

图 2-12 光照度传感器实时监测数据 K 线图

光合有效辐射传感器仅监测 400～700 nm 的太阳辐射量。图 2-13 呈现的是湖南安化某地 2020 年 11 月 4 日至 13 日的光合有效辐射传感器监测数据，如 11 月 12 日 15 时的光合辐射为 30.167 W/m^2。

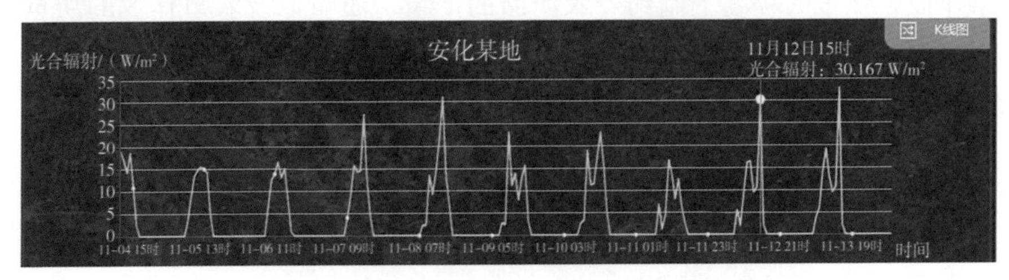

图 2-13 光合有效辐射传感器的实时监测数据 K 线图

2. 空气温湿度传感器

温度是农作物生长发育的重要环境因子，大部分农作物的适宜生长温度为 25 ℃～30 ℃。空气温度简称气温，可使用温度传感器获取实时温度监测信息。空气湿度是指空气的潮湿程度，它表示当时大气中水汽含量距离大气饱和水汽含量的百分比。大气相对湿度影响农作物的生长发育，湿度过高时往往导致作物病害加剧。在农田气象因子监测和温室智能感知系统中，一般使用一体化的空气温湿度传感器（图 2-14），同时监测空气温度和大气相对湿度，为温湿度监测和调控提供数据资源。

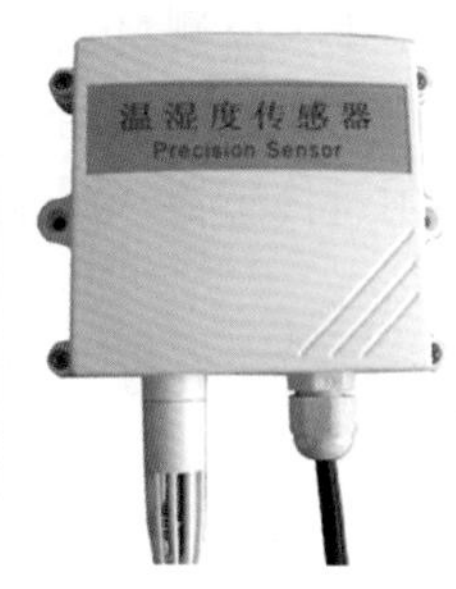

图 2-14　空气温湿度传感器

3. 二氧化碳传感器

正常情况下近地面露地环境的二氧化碳浓度为 0.042 5%，大田作物和露地生产不需要监测二氧化碳浓度。智能温室、塑料大棚和植物工厂是一种封闭环境，棚内的植物进行光合作用需要消耗二氧化碳，如果棚内二氧化碳浓度偏低，必然影响植物的光合效率，为此需要进行二氧化碳浓度监测，以便在二氧化碳浓度偏低时及时补充。常用的二氧化碳传感器有二氧化碳变送器和二氧化碳检测控制一体机。二氧化碳变送器主要用于实时监测环境中的二氧化碳浓度，二氧化碳检测控制一体机则与二氧化碳钢瓶相连，实时监测二氧化碳浓度，当二氧化碳浓度低于设置水平时自动启动二氧化碳补施作业（图 2-15）。

图 2-15　二氧化碳变送器（左）、二氧化碳检测控制一体机（右）

4. 降雨量传感器

作物生产的水资源主要来自于自然降水。地球上的自然降水极不均匀，在地域上的不均匀性，表现有全年多雨区、全年少雨区、夏季多雨区、冬季多雨区、全年多雨区；在时间上的不均匀性，表现有明显的旱季和雨季。监测自然降水量的气象设备称为雨量计。目前，国内各类气象观测站对降水的监测主要以翻斗式或称重式雨量计为主，也可以使用光学雨量传感器（图 2－16）。

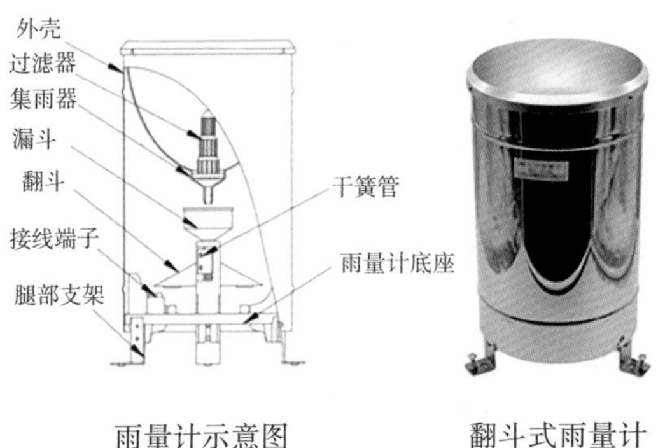

雨量计示意图　　翻斗式雨量计

GMX100 光学雨量计

图 2－16　雨量计

5. 风速风向传感器

风是作物生长发育的重要生态因子。风速是空气相对于地球某一固定地点的运动速度，风速是风力等级划分的依据。风速为 0.3～3.3 m/s 时是轻风，风力等级为 1～2 级；风速为 3.4～5.4 m/s 时是微风，即 3 级风；风速为 5.5～7.9 m/s 时是和风，即 4 级风。风力等级为 0～4 级时，促进田间空气流通和风力传粉，有利于农作物生长发育。5 级以上的风力具有一定的破坏性，风力等级越高，破坏性越大。风速传感器可实时监测现场的风速、风量大小。风向是指风吹来的方向，可采用风向袋或风向标监测。气象监测中一般采用一体化的风速风向传感器。同时监测风速、风向两个指标（图 2－17）。

（二）微气象站

气象信息监测可以使用专业厂家生产的微气象站，安装在田间或温室内，即可自动获取相关气象数据资源。微气象站同时使用多种传感器实时监测多种气象因子，一般包括空气温度、大气相对湿度、光照强度、降水量、风速、风向等气象信息传感器，部分厂家还将土壤温度传感器、土壤湿度传感器安装在一起，共享辅助电源、记录部件、传输部件、显

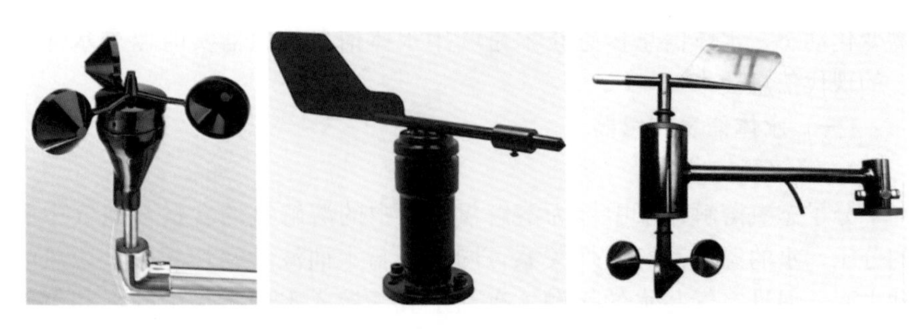

图 2-17　风速传感器（左）、风向传感器（中、右）

示部件，从而大幅度降低成本，提高数据采集实效。微气象站的辅助电源一般采用太阳能电板和蓄电池供电，若遇较长时段的连续阴雨天气，有可能电力不足而导致数据缺失（图 2-18）。因此，要求较高的微气象站，建议采用太阳能和市电双电源供电。

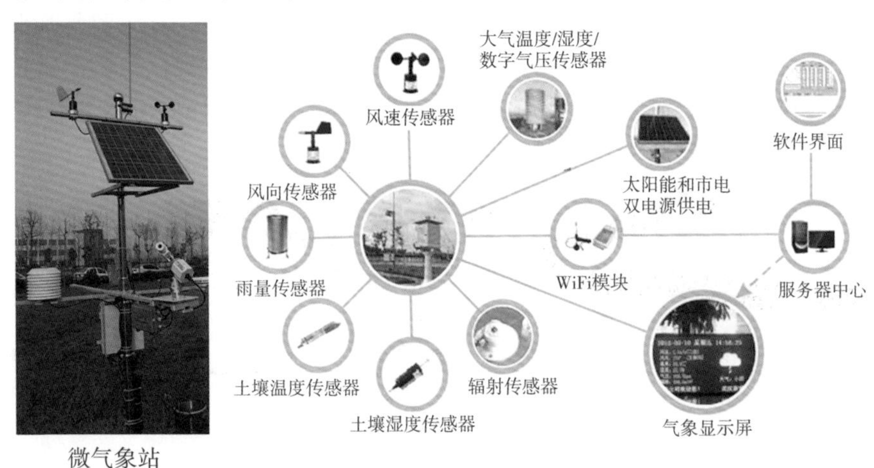

图 2-18　微气象站及其主要传感器

传统农业时代“靠天吃饭”，气候条件是制约农业生产的重要因素，洪涝危害、久旱不雨等灾害性天气甚至导致农作物失收。气象信息监测既是采集农业大数据资源的重要途径，也是防灾减损、灾损理赔等的重要数据支撑。

三、水体信息传感技术

水体是一种特殊的环境条件，农业领域更关心养殖水体是否适宜水生生物的发育，环保领域主要关心饮用水的水质状态和污染水体的污染物变化动态，水体信息传感技术是利用水体信息传感器实时监测水体状态的现代信息技术。

（一）水体信息传感器

1. 溶解氧传感器

分子态氧溶解在水中称为溶解氧。水中的溶解氧的含量与空气中氧的分压、水的温度都有密切关系，同时也与水面波动密切相关。微风吹动水面，促进空气与水的接触，有利于氧气溶入水中。水中的饱和氧气含量取决于温度，一般在 20 ℃条件下饱和溶解氧浓度为 8～9 mg/L，但水体中若有大量有机污染物，这些有机物的生物降解需要消耗溶解氧，容易导致水体溶解氧降低。当养殖水体中的溶解氧低于 5 mg/L 时，一些鱼类就会发生呼吸困难，严重时导致“泛塘”，即大部分滤食性鱼类和草食性鱼类死亡后浮于水面。因此，养殖水体中一般需要安装增氧设施，通过搅动水体增加水中溶解氧。溶解氧传感器种类很多，有溶解氧速测仪，有包括溶解氧和其他水质指标的水质检测仪，也有多样化的单体溶解氧传感器（图 2－19）。溶解氧传感器主要用于养殖水体的溶解氧监测，也可用于稻田淹水条件下的溶解氧监测。

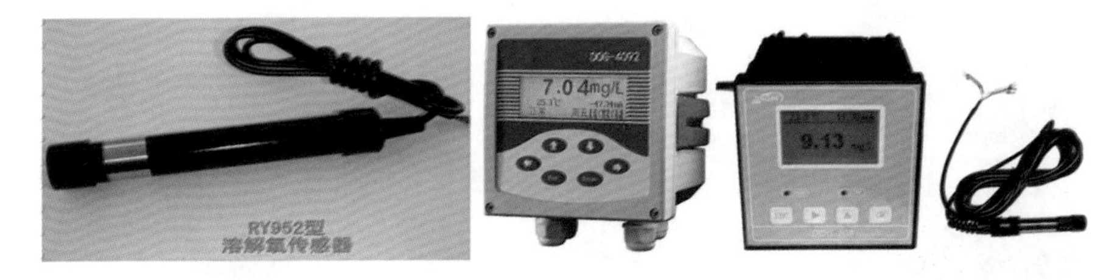

图 2－19　溶解氧传感器

2. 酸碱度传感器

酸碱度是指溶液的酸碱性强弱程度，一般用 pH 值来表示。pH 值小于 7 为酸性，pH 值在 7 附近为中性，pH 值大于 7 为碱性。酸碱度检测的最简单方法是使用 pH 试纸浸湿后与 pH 比色卡对照，能够粗略地判断水体酸碱度。也可以使用 pH 速测仪或含有酸碱度检测的水质检测仪。用于农业物联网的水体 pH 值传感器种类很多，用户可根据需要合理选择（图 2－20）。

养殖水体的适宜 pH 值为 6.8～7.5。当 pH 值大于 8.5 或小于 6.5 时，水中微生物的生长受到抑制，腐败细菌的分解受阻，降低水体的自净能力，水质恶化；当 pH 值大于 9.5 或小于 5.0 时，会直接造成鱼类死

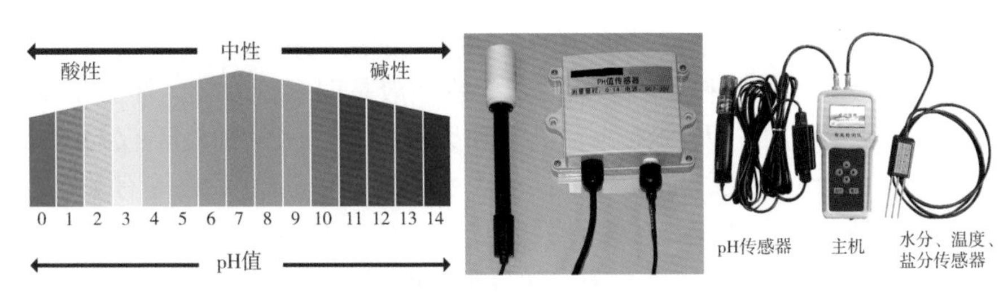

图 2－20　酸碱度（左）、pH 传感器（中、右）

亡。养殖水体的酸碱度一般变化不大，但有两种情况必须引起注意：一是酸雨地区的酸雨危害。酸雨是指 pH 值小于 5.6 的自然降水，主要出现在空气污染严重的地区，大气中的硫氧化物、氮氧化物等在降水时溶入雨水，使养殖水体酸化，导致鱼类死亡。二是污染物进入养殖水体。含有废酸、废碱的污水进入养殖水体，必然引起酸碱度剧变。

3. 电导率传感器

电导率是用来描述物质中电荷流动难易程度的参数。电导率传感器是用来测量超纯水、纯水、饮用水、污水等各种溶液的电导性或水标本整体离子浓度的传感器，用于监测水体的盐分总量，了解水体纯度（图 2－21）。纯水的电导率很小，当水中含有无机酸、碱、盐或有机带电胶体时，电导率就增加。水体电导率取决于带电荷物质的种类和数量、水体温度等。

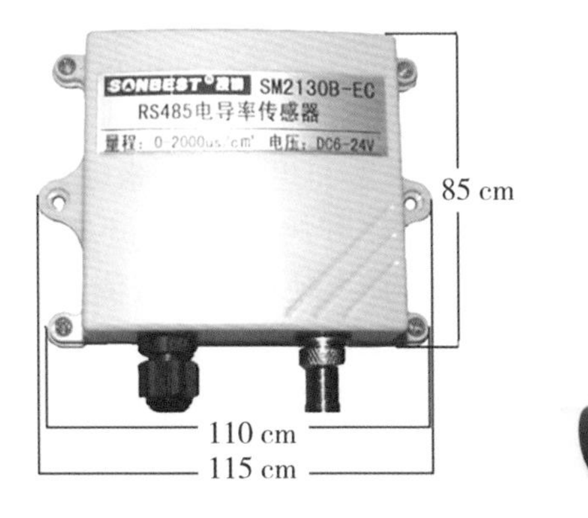

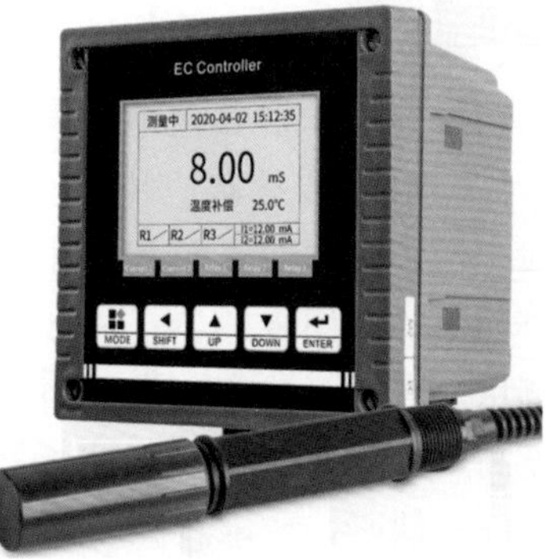

图 2－21　电导率传感器示例

4. 浊度传感器

浊度用于评价水的透明程度。水中含有悬浮及胶体状态的微粒，使得原是无色透明的水产生浑浊现象，其浑浊的程度称为浑浊度。浊度的反义词是净度，可见浊度越低则净度越高。浊度是指水中悬浮物对光线透过时所发生的阻碍程度。水中的悬浮物一般是泥土、砂粒、浮游生物、微生物、胶体物质以及细微的有机物和无机物等。水的浊度不仅与水中悬浮物质的含量有关，而且与它们的大小、形状及折射系数等有关。浊度可以用浊度计来测定，浊度计发出光线，使之穿过一段样品，并从与入射光呈 90°的方向上检测有多少光被水中的颗粒物所散射，从而得出浊度数据。用于物联网监测的浊度传感器的光学测量探头部分包括 LED 光源、透镜和光敏管，LED 光源发出光线经透镜后形成平行光束，平行光束经被测水体后形成散射光，散射光被光敏管接受并转换为电信号，最后转换为数字信号，实现浊度监测（图 2－22）。

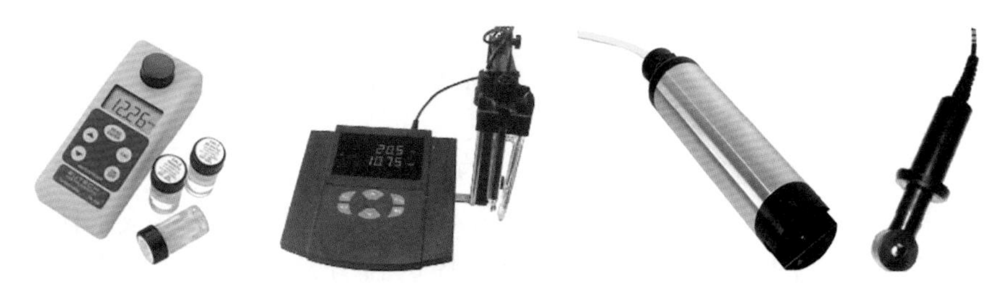

图 2－22 便携式浊度计（左）、浊度传感器（右）

（二）水体信息传感器应用

养殖水体是指用于水产养殖的水域或水体设施，包括近海、湖泊、江河、水库等大水面养殖，以及依赖大水面的网箱养殖，也包括内陆水体的粗放养殖和精养鱼池，还包括设施水产养殖和工厂化流水养殖。养殖水体的水体传感器应用，必须根据养殖场地和生产需求来综合设计，一般来说，大水面养殖和大水面网箱养殖属于开放性环境，不需要针对水产养殖的专用传感器；一般内陆养殖水体需要使用溶解氧传感器实时监测水中溶解氧状态，发现溶解氧偏低时及时增氧；精养鱼池由于养殖密度高，必须使用溶解氧传感器实时监测水中溶解氧水平，并实现与增氧设施的偶联，要求较高的还可以配置氨氮传感器和叶绿素 a 传感器，避免氨氮过高导致鱼类生理性病害，同时也避免出现水体富营养化。设施水产养殖和工厂化流水养殖的要求更高，需要建设项目包括溶解氧传感器、酸碱度传感器、浊度传感器、氨氮传感器等的物联网监测体系。

自来水是大部分城乡居民的生活用水，自来水公司执行《生活饮用水卫生标准》为居民提供生活用水，需要使用多种水体信息传感器实时监测自来水生产过程中各环节的特征状态，同时还需要取样进行实验室检测，切实保证自来水质量。

污水处理是为了使污水达到排放标准或再次使用的水质要求，对其进行净化的过程。污水处理被广泛应用于建筑、农业、交通、能源、石化、环保、城市景观、医疗、餐饮等各个领域，也越来越多地走进寻常百姓的日常生活。污水处理必须根据其特殊的工艺流程，在各环节使用不同的水体传感器实时监测污水处理效果。

水体信息传感技术是利用水体信息传感器，实时监测水体的溶解氧、酸碱度、电导率、浊度等水体特征指标，为现代水产养殖提供技术支撑。

四、土壤信息传感技术

土壤是农作物赖以生存和生长发育的物质基础。土壤信息传感技术利用各种土壤信息传感器实时监测土壤的物理、化学参数及其变化规律，为农业生产决策提供可靠的数据支撑。地球上的土壤都是由岩石风化而来，是一种非均质的、多相的、分散的、颗粒化的多孔系统，其物理性质、化学性质非常复杂，并且空间变异性非常大，这就造成了土壤信息监测的难度。

（一）土壤信息传感器

水是生命活动的基本要素，植物生长发育必须通过根系从土壤中吸收水分，适宜的土壤含水量是农作物丰产的基本条件。缺水或土壤含水量过高都可能影响农作物生长发育。

土壤含水量有重量含水量和体积含水量两种表达方式，其中，重量含水量是水重占总重的百分比，体积含水量则是土壤中水分占有的体积与土壤总体积的比值。土壤含水量的检测方法有很多，实验室常用烘干法或直筒法直接检测土壤含水量。

土壤含水量传感器采用间接法检测土壤含水量，如电阻法、电容法、电热法等。农业科技工作者只需要根据土壤墒情监测目标和精度要求，选择合适的土壤含水量传感器或土壤含水量速测仪。不同土层深度的土壤含水量表现有很大的差异，土壤含水量监测可根据需要在不同土层深度布设土壤含水量传感器（图 2-23）。

植物扎根土壤并吸收土壤水分和土壤养分，土壤温度直接影响根系的生长发育和吸收功能，可以使用土壤温度传感器或土壤温度速测仪监测土壤温度。在作物生产中，需要了解不同深度的土壤温度和土壤含水

图 2－23　土壤含水量监测

量，因此可以将土壤温度传感器和土壤含水量传感器集成，研发管式土壤监测仪，监测不同深度的土壤温湿度。这种管式土壤监测仪集成了多组土壤温度传感器和土壤含水量传感器，形成了不同深度土壤观测点，工艺上将其通信线包藏在 PVC 管道内，可避免田间机械作业损毁，已成为土壤温湿度监测的通用设备（图 2－24）。

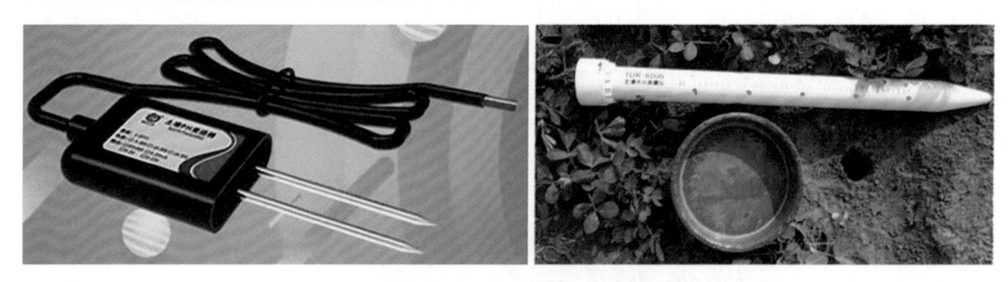

图 2－24　土壤温湿度传感器与管式土壤监测仪

土壤电导率传感器的基本原理与水体电导率传感器相似。土壤电导率反映土壤中物质传送电流的能力，它取决于以下因素：一是土壤孔隙度，土壤的孔隙度越大，就越容易导电。二是温度，温度降低时电导率下降。三是土壤含水量，干燥土壤比潮湿土壤电导率要低很多。四是土壤盐分水平，高盐分浓度会急剧地增加土壤电导率。五是土壤的阳离子交换能力，土壤有机质含量高，有利于提高阳离子交换能力，如钾、镁、钙等，从而提高土壤电导率。由此可见，土壤电导率是反映土壤肥力的综合指标。土壤电导率仪或土壤电导率传感器可以检测和实时监测土壤电导率水平。实际应用中，可以使用土壤水分、温度、电导率三合一传感器实时监测相关指标（图 2－25）。

土壤酸碱度差异很大，pH 值小于 5.5 为强酸性土壤，pH 值 5.5～6.5 为酸性土壤，pH 值 6.5～7.5 为中性土壤，pH 值 7.5～8.5 为碱性土壤，pH 值大于 8.5 为强碱性土壤。土壤酸碱度可以采用土壤 pH 速测仪垂直插入土壤中进行速测，农业物联网中一般将土壤 pH 传感器埋入土壤中实时监测，以采集土壤酸碱度，了解其变化情况。

图 2-25　土壤温湿度电导率三合一传感器

土壤养分测试的主要对象是氮、磷、钾，这三种元素是作物生长必需的大量营养元素。氮是植物体内蛋白质、氨基酸、叶绿素等的重要成分，缺氮表现为叶色变黄和生长发育不良。土壤氮素养分检测有全氮、速效氮、铵态氮、硝态氮四种指标。磷是植物体内核酸、磷脂等的成分，它以多种方式参与植物的新陈代谢，土壤磷的测试项目有全磷和有效磷测定。钾是植物新陈代谢过程所需酶的活化剂，能够促进光合作用和提高抗病能力，土壤钾的测试项目有全钾和速效钾测定。目前，较精确的土壤养分检测必须通过实验室检测，土壤养分速测仪在田间速测的精度相对偏低，采用土壤养分传感器进行实时监测是智慧农业的重大攻关方向。

（二）土壤信息传感器应用

墒情是指作物耕层的土壤含水量及其变化情况，墒情监测为灌溉提供数据支撑。旱作农业区的土壤墒情监测可以使用较简单的土壤墒情监测站，通常将定制的管式土壤监测仪埋入土体，监测不同土层深度的温度、含水量变化情况，再配上供电的太阳能电板和数据采集箱，数据采集箱内配备蓄电池、现场总线电路板、LED 显示屏等，管式土壤监测仪通过有线接入数据采集箱内的现场总线，实现数据通信（图 2-26）。

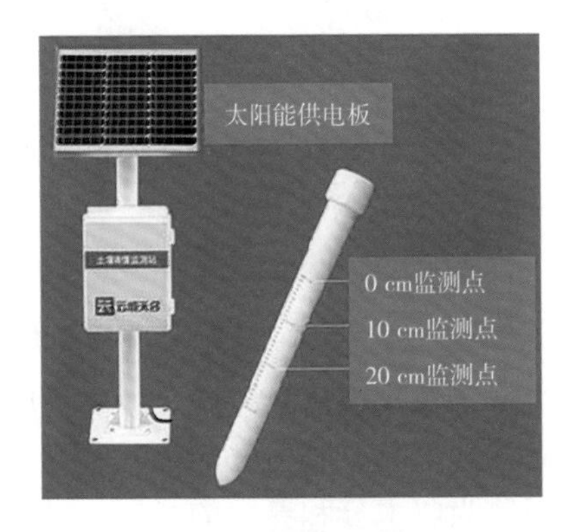

图 2-26　土壤墒情监测站及其管式土壤监测仪

实际应用中，需要将气象因子、土壤因子、水分因子等进行资源环境综合监测，实现综合监测的途径有两种：一是各种无线传感器通过无线网关实现数据通信；二是有线传感器通过现场总线数据集成，共享供电设施、现场总线电路板、显示设备等，从而实现多源信息智能感知。

稻田资源环境智能感知集成终端可用于采集稻田资源环境大数据，可以实时采集光照强度、光合有效辐射、空气温湿度等气象数据，通过管式土壤温湿度传感器分别采集 5 cm、15 cm、35 cm 处的土壤温度和土壤含水量，集成土壤酸碱度、土壤电导率、铵离子等传感器，形成多源信息智能感知系统，采用太阳能板统一供电，现场总线通信部件、显示部件和蓄电池置于数据采集箱中，采集的数据通过无线网络通信技术（WiFi）传送接入互联网（图 2 - 27）。智能感知终端使用太阳能电板供电可避免在田间架设输电线路，但若遇连续阴雨 10 天以上，太阳能电板发电量不足，可能导致断电而使传感器无法正常工作，这种情况下可改用市电加配蓄电池解决。

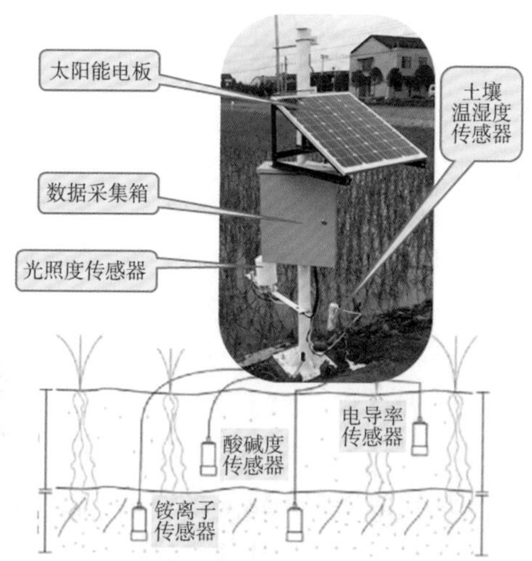

图 2 - 27　稻田资源环境智能感知集成终端

土壤是地球陆地表面由矿物质、有机质、水分、空气和生物组成的，是陆地上具有肥力并能生长植物的疏松表层，是植物扎根的基质，也是植物吸收水分和养分的场所。多样化的土壤传感器为土壤环境监测提供了技术支撑，奠定了智慧农业的智能感知技术基础。

第三节　农业遥感技术

遥感技术是 20 世纪 60 年代兴起并迅速发展的综合性空间信息科学，农业遥感技术已成为现代农业科技创新的重要内容，是智慧农业探索的重要方向。

一、遥感技术基础知识

（一）遥感相关概念

顾名思义，遥感是指非接触性的远距离感知。实际上，遥感有两大领域，一是宇宙遥感，指对宇宙中的天体和其他物质的遥感，主要应用于天文学研究。二是地球遥感，是对地球和地球上的事物的遥感，农业遥感属于地球遥感范畴。

遥感技术有四个必不可少的要素：遥感对象、遥感器、信息传播媒介和遥感平台（图 2－28）。

遥感四要素
- 遥感对象：如农作物、土地资源、矿产资源、森林资源等
- 遥感器：如高光谱成像仪、可见光成像仪、激光扫描仪等
- 信息传播媒介：主要利用电磁波谱不同波段的光谱特征
- 遥感平台：航天遥感、航空遥感、近地遥感

图 2－28　遥感四要素

遥感对象是指被感测的事物，农业遥感主要监测农业生物、农业资源环境、农业灾害等。遥感器是指能感测事物并能将感测的结果传递给使用者的仪器，农业遥感监测领域常用的有高光谱成像仪、多光谱相机、监控器、雷达、紫外相机、红外相机、激光扫描仪等（图 2－29）。

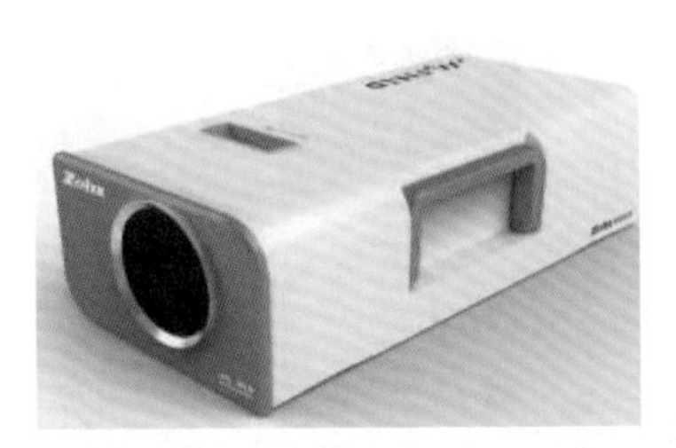

高光谱成像仪

多光谱相机

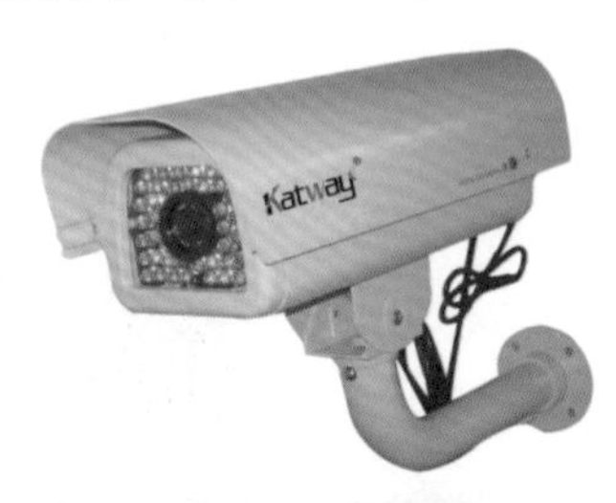

监控器

雷达

紫外相机

红外相机

激光扫描仪

图 2－29　常用遥感器

信息传播媒介是在遥感对象和遥感器之间起信息传播作用的媒介，遥感器能够感知的信息有电磁波、声波、重力场、磁力场、电力场、地震波等自然媒介，这是一种被动遥感。遥感平台也可以人工发射电磁波、激光等，再由遥感器接收其反射信号，这就是主动遥感。遥感平台是指装载遥感器并使之能有效工作的装置，航天遥感平台将遥感器及其辅助设备装载在人造卫星等航天器上，航空遥感则将遥感器搭载在飞机、无人机等航空飞行器上，地面遥感则采用车载、船载或高塔搭载遥感器。

（二）遥感技术系统

将遥感设备、技术和方法应用到某个专业领域便构成了一个遥感技术系统。一个完整的遥感技术系统通常由三部分组成：空基系统、地基系统和技术支持系统（图 2－30）。三大部分相互协作，共同完成不同行业领域的遥感应用：空基系统获取信息并将信息传输到地基系统，地基系统接收空基系统传输的数据并进行一定预处理后可提供行业应用，技术支持系统进行相关支撑技术研发并提供遥感应用成果。

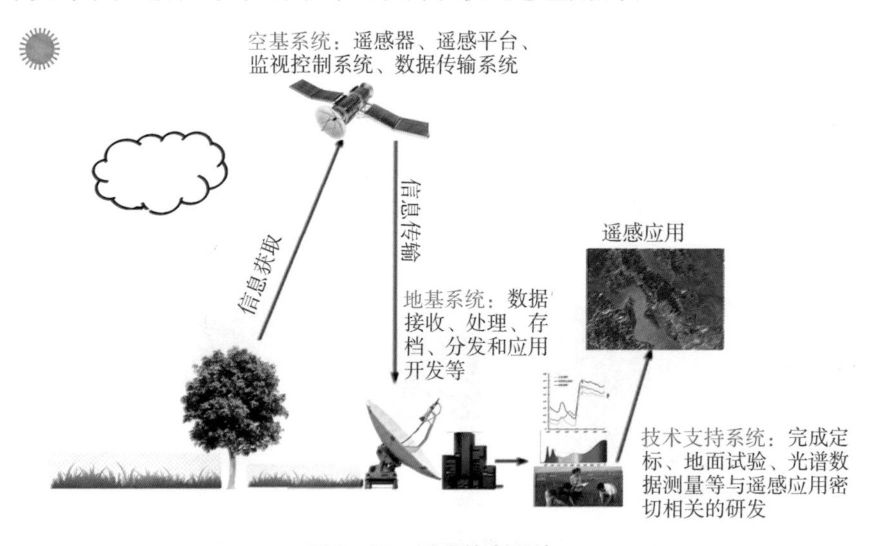

图 2－30　遥感技术系统

空基系统包括遥感平台、遥感器、监视控制系统和遥感数据传输系统等，完成数据采集和传输工作。航天遥感平台具有独立作业的空基系统，人造地球卫星等航天器作为搭载工具实现相关设备在太空中有序运行，遥感器负责采集遥感数据，监视控制系统实现对遥感器的管理和控制，以提高数据采集的有效性，遥感数据传输系统负责向地基系统传送遥感数据。航空遥感平台的空基系统可采用人为控制或自动控制两种方式。地面遥感不需要空基系统。

地基系统主要完成遥感数据的接收、处理、存档、分发和应用开发工作。空基系统的数据需要地基系统实时接收，并进行一定的前处理后才能在行业应用。航天遥感平台必须有配套的地基系统，实时接收遥感数据，同时配备专业人员对遥感数据进行预处理后形成遥感图像，经预处理所得到的遥感图像可自主完成应用开发，也可提供给相关行业进行深度应用开发。

技术支持系统主要完成定标、地面试验、光谱数据测量等基础性工作及与遥感发展和应用密切相关的高技术研究和开发任务。遥感技术支持系统实现遥感数据的行业应用，解决实际问题。在农业遥感应用领域，必须有专业技术人员完成地面试验、采集地物光谱数据、建立光谱估测模型等工作，才能实现对遥感图像的科学解读和分析应用。

（三）遥感基本过程

遥感数据流程包括四个环节：一是遥感数据获取，依托遥感平台，利用遥感器采集遥感数据。二是遥感数据接收，依托航天遥感的地面站、车载移动式接收站、无人机遥感地面接收站等，实时接收遥感平台传送的遥感数据。三是遥感数据处理，原始遥感数据被地面站接收后，要经过数据处理中心做一系列复杂的辐射校正和几何校正处理，消除畸变，形成遥感图像，才能提供给用户使用。与此同时，专项应用还必须结合用户需求，根据用户配置信息定制特定区域或特定目标的区域数据，再行发布。四是遥感数据应用，农业遥感的专项应用必须根据地面试验、地物光谱特征等技术支持成果，形成农业遥感专项应用成果（图 2-31）。

遥感涉及一个庞大的知识领域和技术体系，农业遥感属于遥感技术的一个应用领域，在具备遥感技术基本知识的前提下，重点掌握利用遥感数据的后期开发技术，挖掘遥感数据的潜在信息，为农业资源监测、农业生产过程监测和农业灾害监测提供技术支撑。

二、遥感图像处理技术

依托遥感平台，利用遥感器可以获取特定范围的地理信息和地物电磁波谱数据，得到遥感图像。遥感图像必须经过一系列的加工和处理，才能交付行业应用。

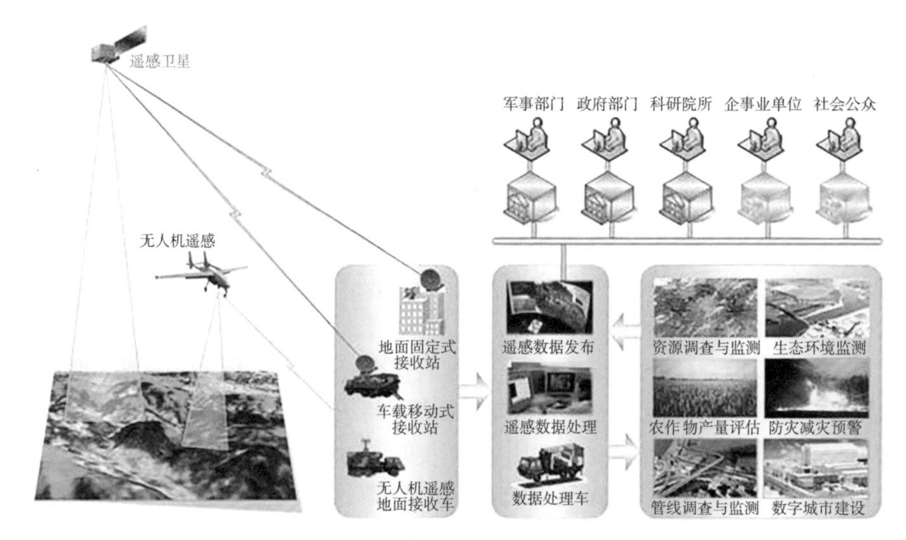

图 2-31 遥感数据流程

(一) 遥感图像

遥感图像是利用遥感技术获取的记录地物电磁波信息的图像（图 2-32）。遥感数字图像是以数字形式表示的，能够使用计算机处理的遥感影像。以摄影方式获取的模拟图像必须进行 A/D 转换，即将模拟信息转换为数字信号。以扫描方式获取的数字数据必须转存到一般数字计算机都可以读出的通用载体上。在遥感图像上能够区分的最小单元称为像元，

图 2-32 遥感图像示例

数字遥感图像中的一个像素点就是一个像元。像元是构成遥感数字图像的基本单元，是遥感成像过程中的采样点。遥感图像的像元是反映影像特征的重要标志，同时具有空间特征和波谱特征的数据元，像元的空间特征记录对应地物的位置，波谱特征记录地物电磁波谱。当分辨率为 1 m 时，遥感图像上的一个像元相当于地面 1 m×1 m 的面积，即 1 m^2。

分辨率是用于记录数据的最小度量单位，遥感图像分辨率有多个维度。第一，空间分辨率，是指遥感图像上能够详细区分的最小单元的尺寸或大小，是用来表征图像分辨地面目标细节能力的指标。即遥感图像中的一个像元对应地物的大小或尺寸。第二，光谱分辨率，是探测光谱辐射能量的最小波长间隔，是反映光谱探测能力的重要指标。波长间隔越宽，光谱分辨率越低。第三，辐射分辨率，是指遥感能分辨的目标反射或辐射的电磁辐射强度的最小变化量。第四，时间分辨率。对同一目标进行重复探测时，相邻两次探测的时间间隔，称为遥感图像的时间分辨率。时间分辨率主要取决于卫星轨道类型、遥感器视场范围与遥感器的侧视能力。

比例尺是表示图上一条线段的长度与地面相应线段的实际长度之比。遥感图像比例尺是指遥感图像上一定长度的线段与其在地面上的实际长度之比。比例尺越大，图像的目视判读性能越好。例如，中塘村水稻长势遥感监测图中比例尺为 1∶23 000。专题遥感图还必须设计图例，采用各种符号或颜色表达遥感图像中的某一特征，如梅花村水稻种植情况分布图中使用不同深度的绿色表示早稻、中稻、晚稻种植区域。

（二）遥感图像处理平台

用于遥感图像处理的专用软件就是遥感图像处理平台。由于不同用户的应用目的不同，对图像辐射量测精度和几何量测精度的要求也各不相同，可以使用不同的图像处理软件对遥感图像做进一步的处理并制作相应产品。ENVI 可视化图像环境是一个完整的遥感图像处理平台，应用覆盖了图像数据的输入/输出、图像定标、图像增强、纠正、正射校正、镶嵌、数据融合以及各种变换、信息提取、图像分类、与地理信息系统（GIS）的整合、地形信息提取、雷达数据处理等功能（图 2－33）。

（三）遥感图像处理流程

遥感图像处理的专业性很强，处理流程很复杂，不同来源的遥感图像具有不同的处理工艺。一般来说，遥感图像首先必须进行辐射校正和几何校正。遥感成像时，各种因素的影响使得遥感图像存在一定的几何

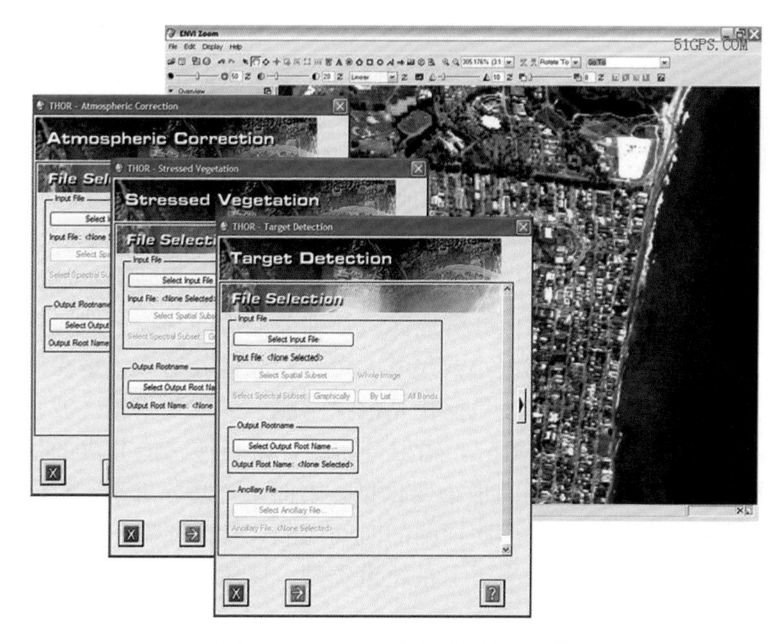

图 2-33 ENVI 遥感图像处理平台

畸变和辐射量的失真。几何变形是指图像上的像元在图像坐标系中的坐标与其在地图坐标系等参考系统中的坐标之间的差异，消除这种差异的过程称为几何校正；利用遥感器监测目标地物的电磁波辐射能量时，遥感器得到的测量值与目标地物的实际电磁波谱存在差异，太阳位置与角度、大气层云雾条件等引起数据失真，为了正确评价目标地物的反射或辐射特性，必须清除这些失真，消除图像数据中依附在辐射亮度中的各种失真的过程称为辐射校正。

遥感图像处理、分析、理解和决策应用等构成了遥感应用的技术链，信息提取与目标识别是遥感从数据转换为信息进而开展应用服务的核心技术。在对遥感图像进行辐射校正和几何校正的前提下，可以对遥感图像做进一步处理，包括彩色合成与彩色密度分割、多光谱图像处理、遥感图像信息融合等，处理后形成的专题遥感图像可以进行人工目视判读、计算机分类、信息智能化提取，最终为应用领域提供有价值的信息和数据支撑。

遥感图像处理是技术性很强的应用科学，航天遥感的地面站一般会完成遥感数据预处理的相关工作，一些专业化从事遥感图像处理的企业具有高水平技术团队和软硬件资源条件，面向应用领域提供专业化服务。

农业遥感科技工作者只需要了解遥感图像处理的一般过程，主要开展地面试验、光谱数据采集和光谱估测模型等方面的研究，利用遥感图像提取农业遥感应用领域的专业信息。

三、农业遥感监测技术

遥感监测是综合利用“空—天—地”多级尺度遥感技术，大尺度监测地面覆盖、大气、海洋等实况及其变化情况的现代信息技术。农业遥感监测主要监测地面覆盖实况及其变化情况：一是作物监测，包括种植面积遥感监测、作物长势遥感监测、作物产量遥感估测、病虫草害遥感监测等；二是资源监测，包括水资源遥感监测、土地资源遥感监测、森林资源遥感监测、草地资源遥感监测等；三是灾情监测，包括旱灾遥感监测、洪涝遥感监测、火灾遥感监测等。

（一）作物长势遥感监测

作物长势是指农作物的生长发育现状及其变化态势，生长早期的长势主要反映作物的苗情好坏，中后期的长势主要反映作物群体动态，及其在产量、品质等方面的指定性特征。图 2 - 34 是利用地物光谱仪测出 8 个秋玉米品种的光谱反射率，在 400～700 nm 的可见光范围内，有两个吸收谷：450 nm 的蓝光区段和 650 nm 的红光区段。原因是植物叶绿素吸收了更多的蓝光和红光；可见光范围内有一个小反射峰，处于 550 nm 的绿光区段，表明叶绿素吸收绿光少，从而导致反射率较高。在 700～1 300 nm 的近红外区段表现出强烈反射，形成高反射率波段。利用植被在近红外区段的高反射率和红光、蓝光波段的强吸收特征，能够有效区分绿色植物、土壤、水体等，也是植被生物量和长势监测研究的重要基础。

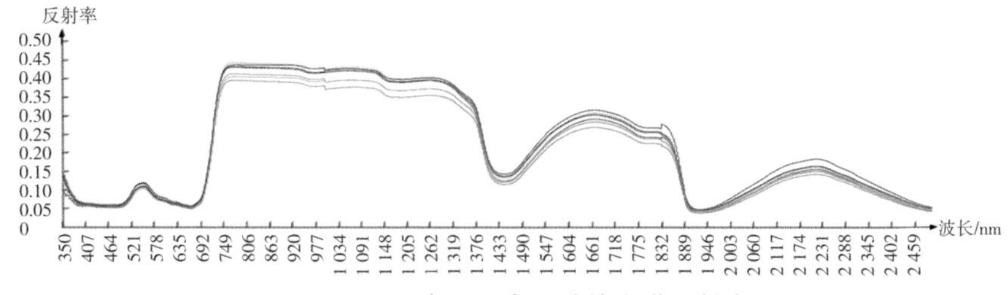

图 2 - 34　8 个秋玉米品种的光谱反射率

图 2 - 35 呈现的是水稻主要生育时期的光谱曲线，表明不同生育时期的农作物群体冠层光谱具有一定的差异。在不同生育时期的光谱曲线图中，分析可见光区段的吸收谷、反射峰和近红外波段的反射率差异，为

农作物长势遥感监测和遥感信息分类提取提供依据，是农作物长势遥感监测和农作物遥感估产的重要技术支持。

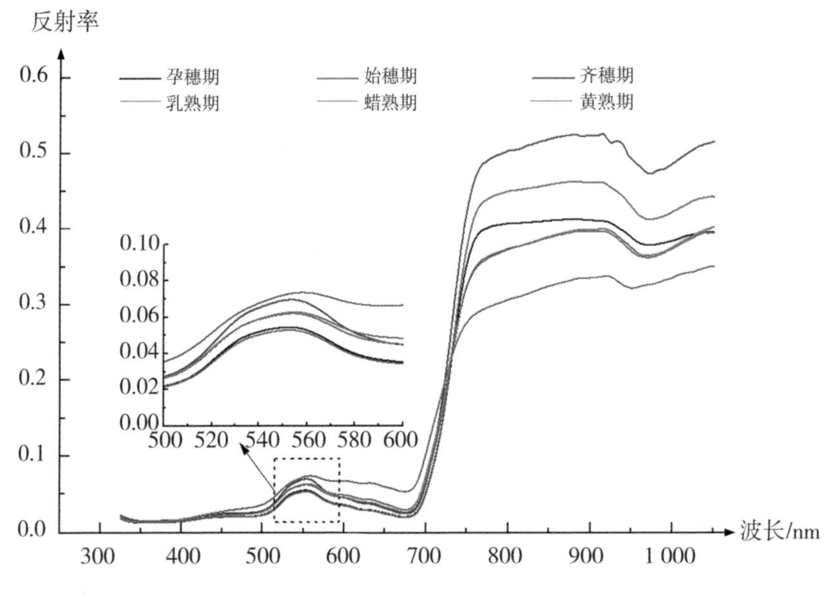

图 2-35 水稻主要生育时期的光谱曲线

植被指数是作物长势遥感监测的重要指标。植被指数与叶绿素含量、叶面积指数、植被生物量等呈正相关，可以用来描述农作物的生长发育状态，定性和定量地描述作物长势。常用于农作物长势监测的植被指数有简单植被指数 SVI、比值植被指数 RVI、差值植被指数 DVI、归一化植被指数 NDVI 等。筛选出来的植被指数需再与叶绿素含量、叶面积指数、生物量等指标数据进行相关分析，从中选取相关性好的植被指数进行建模，并分析模型的拟合度 R^2、均方根误差 RMSE、相对误差 RE 等值，对拟合度高的模型进行精度检验。精度高的光谱估测模型可用于遥感图像的信息提取。

农作物长势遥感监测包括实时农作物长势监测、农作物全生长过程监测。实时农作物长势监测反映其长势的空间差异性，农作物全生长过程监测从作物生长发育的全过程来描述作物的生长态势，全面反映农作物长势在不同时间的变化，可以及时发现农作物潜在的胁迫与危害。

（二）作物产量遥感估测

农作物估产是在农作物收获前提前预估作物产量，为政府决策提供依据，对可能出现的农产品供应不足或农产品“卖难”等提前采取应对措施。农作物估产的主要方法有理论产量抽样调查法、气象条件产量预测法、经验估产上报法、遥感估产法等。其中，理论产量抽样调查法是布设若干个样点，每个样点进行农作物的产量构成要素调查，从而得出理论产量。例如，水稻品种的千粒重是相对稳定的，只需要调查每亩穗数、每穗粒数、结实率，就可以推算出理论产量。气象条件产量预测法则是利用历年产量与主要气象因子的关系模型，使用当年气象数据，如有效积温、日照时数、光合有效辐射等进行产量预测。经验估产上报法则是安排基层生产单位，组织经验丰富的老农和农业技术人员，根据田间状况提前预估产量并上报。遥感是大面积、快速、动态、多级尺度获取农田丰富信息的高新技术手段，农作物遥感估产具有巨大的应用潜力。

农作物遥感估产包括一系列复杂技术。遥感估产首先必须具有较准确的种植面积，通过样本区域选择、不同生育时期光谱数据采集、作物分类提取模型、多时相遥感影像信息提取等环节，得到该种农作物的种植面积。所采集的光谱数据进入光谱数据库，不断丰富数据资源。单产估测方面，通过布设监测样点实施地面试验，根据地面试验建立估产模型，包括作物生长模型、气象估产模型、遥感估产模型、趋势估产模型和其他相关模型（图 2－36)。通过模型精度验证，实施精度控制，再结合作物长势监测和灾害监测，可得到单产估测结果。利用单产估测结果和种植面积数据，可得到总产量估测结果。

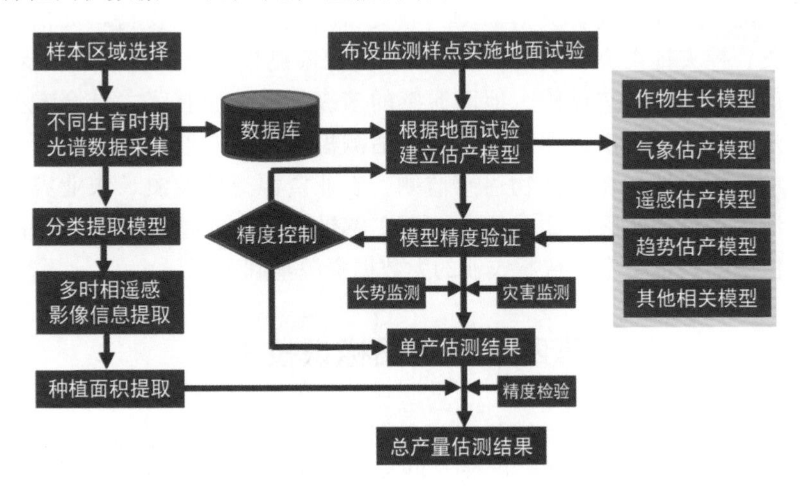

图 2－36　农作物遥感估产

（三）农业资源遥感监测

水资源遥感监测包括对地下水、地表水的水域、水量、水位、水质等进行实时遥感监测，有助于准确掌握本区域水资源现状、水资源使用情况，加强水资源管理，实现对水资源正确评价、合理调度及有效控制的目的。水资源监测专业性很强，具有一套完整的技术体系。

土地资源遥感监测主要是对土地类型、土地利用现状、土地质量等的现况和变化情况进行监测。为实现这一目标，必须建立一套完整的技术系统。土地资源遥感监测是土地管理的重要内容，是准确掌握土地资源的分布、质量、利用现状等数据的技术支撑，是优化土地利用结构、严格土地执法的重要手段。

森林资源是地球生物圈的再生资源，同时也是一种动态变化的地球存量资源。森林资源遥感监测实现对森林面积、材积量、物种分布等指标的实时监测，必须依赖专业化的森林资源遥感监测技术系统来实现。

草地资源是发展畜牧业和维持生态平衡的重要资源。草地资源遥感监测主要完成草地类型的划分、生产力测定、草地资源动态变化等遥感数据获取、分析与应用。

（四）农业灾害遥感监测

农业是自然再生产与经济再生产的结合，自然灾害往往给农业生产带来巨大损失。在全球气候变暖的当今世界，干旱、洪涝、火灾、地震、台风、泥石流、冰雹等灾害频繁发生，灾情监测和灾情预警是农业灾害遥感监测的用武之地。灾情监测为救灾、减损提供数据支持，灾情预警为防灾、控灾提供决策依据，同时为农业保险勘损、定损提供数据支撑。利用航天遥感、航空遥感、地面遥感的多级尺度遥感技术，结合专业领域的地面试验、光谱数据采集和光谱估测模型，为农业遥感监测开辟了广阔的应用天地。在农作物遥感监测、农业资源遥感监测、农业灾害遥感监测等领域的实际应用，让我们切实感受到了农业遥感技术应用的巨大价值空间，也奠定了智慧农业的大数据资源基础。

第四节　物品标识技术

这里的“物品”是指智能感知的目标对象，可以是农业生物个体，也可以是各种工具、器件、机器、设备或无生命的各种物品。标识技术的核心是对特定目标加载一个承载信息的介质，以实现计算机识别和网络传输。目标对象标识技术是农产品溯源和农业物联网的重要支撑技术，是实现物物相连、人物对话的基础。

一、条码标识技术

（一）条码及其编码规则

一维条形码简称条形码或条码，是最早使用的物品标识技术。条形码采用宽度不等的多个黑条和空白，按照一定的编码规则排列，用来承载特定信息。一般商品条形码的编码规则是：前 2 位为国家码，接下来 7 位为生产商编码，往后 3 位为产品码，最后 1 位是校验码（图 2－37）。图书的条形码另有编码规则。

图 2－37　商品条形码编码规则

（二）条码标识技术应用

首先使用条形码生成器，为特定批次的商品设计唯一专用条形码，并记录该商品的相关信息，再将定制出的条形码印刷出来，粘贴到本批次的商品或商品包装材料上，终端使用条形码扫描器扫描，条形码所记录的信息就会自动呈现到所连接的计算机上（图 2－38）。目前，条形码标识技术广泛应用于商品流通、图书管理、邮政管理、银行系统等领域。

图 2－38　条形码标识系统

二、二维码标识技术

（一）二维码简介

二维条形码简称二维码，是在一维条形码技术的基础上发展起来的新技术，由于智能手机具有读取二维码的功能，二维码应用得到迅速发展。二维码采用黑、白相间的图形点阵，实现每个二维码的唯一性。在代码编制方面，巧妙地利用二进制数对应黑、白点阵，从而大大提高了二维码的信息承载量，形成了二维码的巨大定制空间（图 2－39）。二维码作为一种全新的信息存储、传递和识别技术，具有广阔的应用领域。各类证件、票据、物流管理、邮政包裹、工业生产线的自动化管理、农产品质量追溯、商贸活动中的现金支付等，都在使用二维码技术。

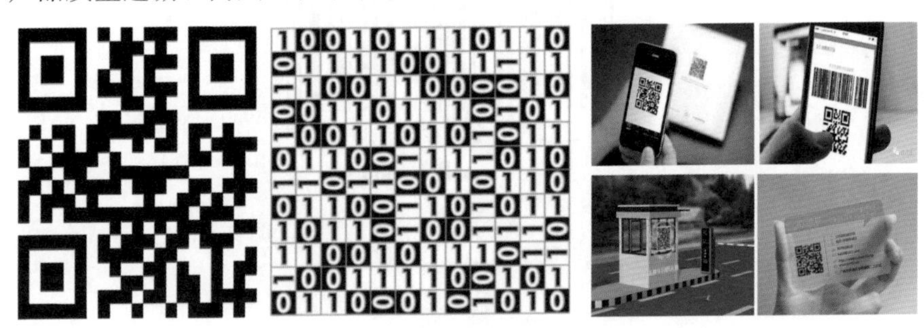

图 2－39 二维条形码（二维码）

（二）二维码标识技术应用

与条形码标识系统的流程类似，利用二维码生成器，对特定物品设计唯一性的二维码，并记录初始信息和前期信息，再将定制出的二维码印刷在商品或商品包装上，在商品生产或流通过程中实时追加相关信息，最后到消费者手中形成了全部信息汇总，使用二维码扫描器或智能手机扫码，就可以看到全部信息（图 2－40）。

图 2－40 二维码标识系统

三、无线射频识别技术

（一）无线射频识别技术

无线射频识别（RFID）是一种非接触式自动识别技术。无线射频识别技术在读写器和电子标签之间进行非接触数据传输，以达到目标识别和数据交换的目的。与传统的条形码、磁卡、IC 卡相比，无线射频识别具有精度高、阅读速度快、适应环境能力强、无磨损、寿命长、操作快捷等许多优点，是标识技术的主流发展方向。

无线射频识别技术的主要部件是 RFID 芯片，俗称电子标签。近年来，电子标签在微型化、轻量化、廉价化方面取得了重大进展，为该技术的广泛应用奠定了物质基础。

无线射频识别系统由电子标签、读写器、计算机控制端组成。其中，电子标签由天线、基材和 RFID 芯片组成，是无线射频识别系统中的应答器，每个标签具有唯一的电子编码，附着在特定物体或商品上，用于标识目标对象。读写器由天线、耦合元件、RFID 芯片组成，其功能是读取或写入信息（图 2－41）。

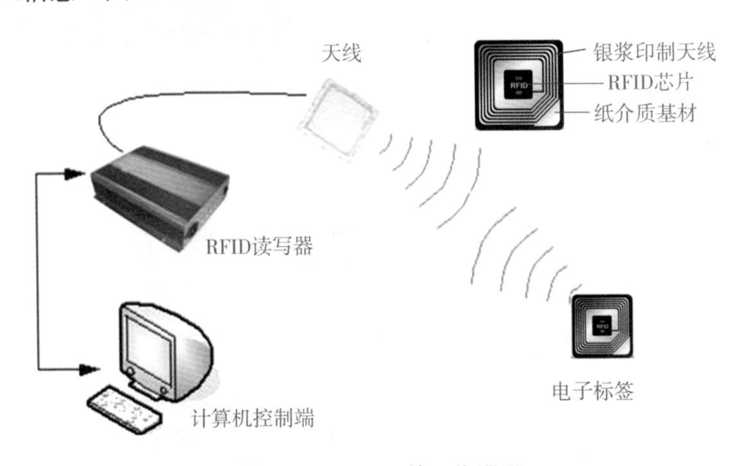

图 2－41　RFID 的工作原理

（二）RFID 技术应用

高速公路的 ETC 通道，就是利用无线射频识别技术自动记录行车信息并自动收费。各种门禁系统利用无线射频识别技术，可实现无人值守情况下允许持卡人员自由出入（图 2－42）。无线射频识别技术应用于仓储管理，实现物流企业的高效管理和电子商务的快速发展。将不足 0.1

元人民币的电子标签附着在入库的单件商品包装箱上，每一道环节都利用读写器记录相关信息，出库时已具有仓储阶段的全部信息，并加注出库流向，为物流企业的自主作业叉车、无人驾驶送货和全程自动控制奠定了技术基础（图 2-43）。

图 2-42 RFID 应用场景

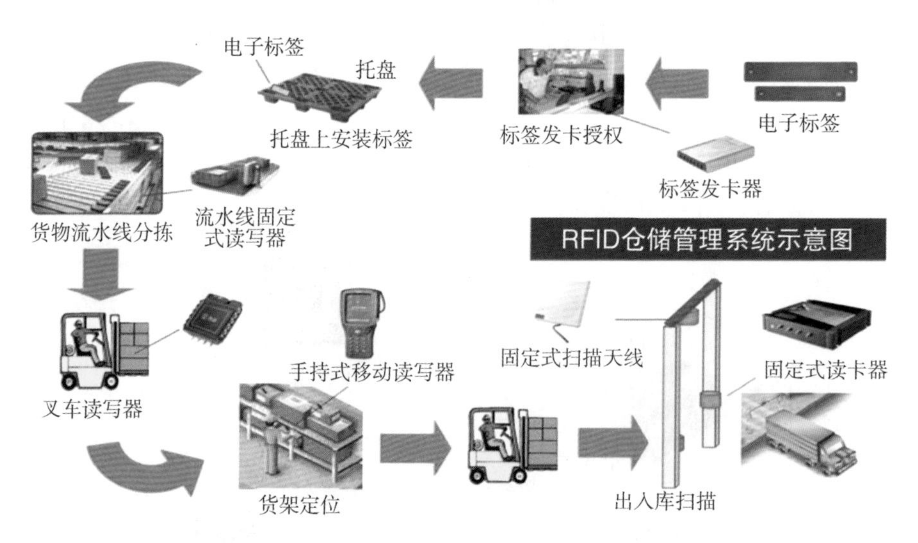

图 2-43 RFID 技术在仓储管理中的应用

在农业物联网和农产品溯源系统中，应用无线射频识别技术，可定制不同形状、不同规格的电子标签，以保证电子标签能够长期固定在目标对象上。例如，机械设备和一般物品可使用粘贴式标签，移动物品可使用吊环类标签，植物活体可使用针插式标签，牲畜可使用耳钉类标签，禽类可使用足环类标签（图 2-44）。

全球统一编码标识系统，简称 GS1 系统，是标识技术的通用规则。条形码奠定了标识技术的基础，二维码大幅度提高了信息承载量，无线射频识别技术带来了新一轮标识技术飞跃。从条形码、二维码发展到无

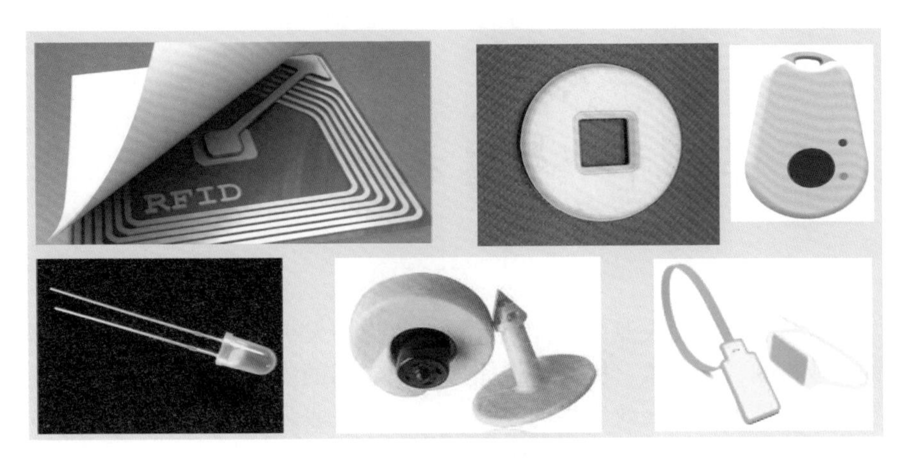

图 2 - 44　多样化的 RFID 电子标签

注：从左至右依次为粘贴式标签、吊环类标签、吊环类标签、针插式标签、耳钉类标签和足环类标签。

线射频识别技术，体现了技术水平从低级向高级发展，也实现了承载信息量的几何级数增长。

第三章　智慧农业装备技术

智慧农业推动农业朝智能化、自动化方向发展，无人驾驶自主作业的农业机械、无人机、机器人将完成无人农场的农事作业，化学工业为智慧农业提供更多高效无害的投入品，材料工业为智慧农业提供新型材料，现代工业装备技术将为智慧农业提供强劲支撑。

第一节　智慧农机装备技术

一、农业机械设备简介

农业动力机械是指为各种农业机械和设备设施提供动力的机械设备，最常用的有柴油机、汽油机、电动机等。拖拉机是最常用的牵引动力机械，使用柴油机作动力源，土壤耕作机械一般需要拖拉机牵引提供动力，种植机械、收获机械则有自走式和背负式之分，自走式是自带动力，背负式一般采用拖拉机牵引。

土壤耕作机械是对土壤进行翻耕、深松、破碎、平整、中耕等所用的机械设备。铧式犁用于耕翻作业，开沟起垄犁在深翻的同时实现开沟起垄，圆盘犁兼具耕翻和碎土功能，凿式犁和深松铲主要用于深松土壤，旋耕机兼具浅翻和碎土作用。

种植机械按照种植对象不同可分为播种机、移栽机两大类。播种机的作业对象是作物种子或包衣种子，生产上常用施肥、播种、覆膜一体机；移栽机的作业对象是幼苗，如玉米移栽机、水稻插秧机、水稻抛秧机等。

作物收获机械种类很多，主要取决于成熟期的作物植株状态和收获器官类型。谷物收割机具有很成熟的技术体系，有大型联合收割机和小型谷物收割机。油菜可使用小型谷物收割机一次性收割（采收损失率高），也可采用两段式收获：先割倒至田间完成后熟作用，5～10 天后再捡拾脱粒。棉花机械采收技术难度较高，要实现棉纤维的剥离以及棉纤维与其他部分的分离，需要较复杂的技术，工艺难度高。土豆、甘薯等地下营养器官采收技术难度也非常高，技术研发空间很大。

农业机械设备具有一个广泛的范畴，植保机械用于防治农作物病虫草鼠鸟害等有害生物危害，主要有喷雾机具、喷粉机具、喷烟机具等；排灌机械指用于农田、果园和草场等灌溉、排水作业的机械，包括水泵、排灌站、喷灌设施、滴灌设施、无土栽培设施等；初加工机械指用于农产品初加工的机械，如谷物烘干设备、水果分选设备、产品包装设备等；工程机械指用于水利设施建设、高标准农田建设等工程的机械设备，如推土机、挖掘机等；养殖机械种类很多，又可分为畜禽养殖机械、水产养殖机械、水产捕捞机械等。

二、智慧农机研发方向

智慧农业需要实现农业智能化、自动化，研发无人驾驶自主作业农业机械是实现这一目标的重要途径，也是智慧农机的基本要求。因此，智慧农机研发方向包括：智能化感知、精准化操作、自动化控制、自主化作业（图 3-1）。

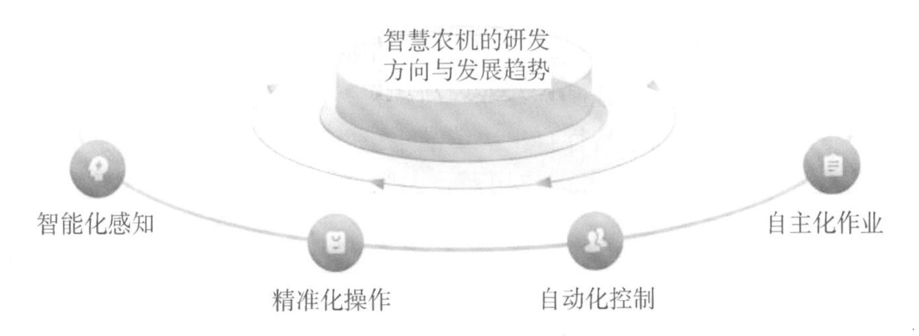

图 3-1　智慧农机的研发方向与发展趋势

（一）智能化感知

智能化感知是遥感技术和传感技术的工程化应用。要实现无人驾驶和自主作业，必须依赖基于遥感技术的精准导航、精准避障、精准作业等技术，必须使用大量农业传感器实时感知田间状态、目标定位（包括植株定位、器官定位、杂草定位、障碍物定位等），还必须使用农业传感器实现力度判别、颜色识别、气味识别等。

目前，无人驾驶汽车已投入运营，为无人驾驶农业机械提供了技术支撑，精准导航、精准避障、突发情况处理等技术可直接应用于无人驾驶农机研发（图 3－2）。智慧农机的智能感知具有更广泛的内涵，必须使用大量传感器，实时感知前后空间状态、地块田间状态、田间作物现状、农事作业特征等，来实施靶标作业、精准作业、差异化作业。

图 3－2 无人驾驶拖拉机实施耕翻作业

（二）精准化操作

智慧农机的精准化操作，主要是适应精细耕作、精准施肥、精准灌溉、靶标施药等方面的技术要求，实现农事作业精准化、智能化。例如，精细耕作要求在耕翻整地过程中准确把握耕作深度、碎土质量、平整状况等，中耕作业必须保证不伤害作物。目前，基于激光定位技术和精准导航技术的激光平地机，能够保证田间泥面高程差不超过 2 cm，突破了水田平整的技术瓶颈。精准施肥必须根据田间供肥能力和作物养分需求特性，自主决策差异化施肥量并准确施入根际适当位置。精准灌溉则根据土壤墒情和作物需水特性自主决策灌水量并精准滴入根际土壤。靶标施药是直接对准病虫危害部位用药，大幅度减少农药用量，提高防治效果。

（三）自动化控制

智慧农机的自动化控制是一种机电一体化控制系统，依托传感技术、遥感技术、激光定位技术和自动化控制系统，实现根据空间变异和时间变异的自动化操作。智慧农机的自动控制，包括作业路线、作业区域、作业对象、作业强度、作业延时等方面的自动控制。同时也包括根据气象因子变化、田间地块差异、作物长势情况等自动调节作业幅度和作业强度。

（四）自主化作业

自主化作业是农业机械化和农业自动化的终极目标，也是无人驾驶自主作业农业机械的基本特征。自主化作业是人工智能的深度应用，能够根据田间地块和作物生长发育情况，自主决策是否需要实施农事操作，怎样实施农事操作，农事操作强度控制到什么程度等。这方面的研究还处于起步阶段。

三、智慧农机核心技术

智慧农机要实现智能化感知、精准化操作、自动化控制、自主化作业，必须在现有农业机械化技术的基础上，重点攻克以下核心技术：作业任务自主决策、田间作业精准导航、田间状态自主识别、作业对象精准定位、作业强度自主控制（图 3－3）。

图 3－3　智慧农机核心技术

（一）作业任务自主决策

无人农场一词听起来很令人兴奋，也有人正在探索实践，但距离实现真正的无人农场还有很大的技术差距，它必须依赖智慧农机或农业机器人在田间巡视，自主决策作业任务，即根据田间情况和作物生长发育情况，自主决策需要进行什么农事作业，怎样完成农事作业。例如，田间墒情监测发现土壤含水量不足时，精准灌溉系统能够自主启动实施精准灌溉；田间出现病害则能及时启动精准施药；局部有虫害时能启动靶标施药。

（二）田间作业精准导航

美国的卫星导航系统（GPS）和我国的北斗卫星导航系统（BDS），都是较成熟的卫星导航系统，为农机作业的精准导航提供了强劲的技术支撑。田间作业精准导航是无人驾驶的前提，同时还能克服人工操作时带来的作业偏差，如播种时可避免重复播种或漏行、漏穴。

（三）田间状态自主识别

田间状态自主识别，是指智慧农机能够自主识别田间作物及其长势情况，自主识别田间土壤类型和土壤墒情，自主区分农田杂草与作物植株，自主识别虫害、病害及其危害程度。田间状态自主识别需要农学家开展大量基础研究，根据生产经验、目视判别和数据变化规律，研制出专用的数学模型和专家系统，奠定田间状态自主识别的专业技术基础。

（四）作业对象精准定位

作业对象精准定位是指准确控制作业对象、作业区域和作业范围。靶标施药机械必须能够对准害虫位置精准施药，并精准控制用药量，精准施肥需要依赖作业对象精准定位将肥料精准施入根际土壤，水果采收机械则依赖精准定位找准成熟水果实施精准采收。

（五）作业强度自主控制

智慧农机要实现作业强度自主控制，必须综合利用各种农业传感技术，实时判断作业强度并反馈到控制系统进行实时调控，以实现作业强度处于最适范围。水果采收机械容易造成机械损伤，作业强度自主控制尤为重要。

第二节　农用无人机技术

一、无人机技术发展

无人机即无人驾驶飞行器，英文缩写为“UAV”，是指利用无线电遥控设备或内置程序控制的无人驾驶小型飞行器。无人机按应用领域，可分为军用与民用。在民用方面，应用于航拍、摄影摄像、农业监测、快递运输、灾难救援、观察野生动物监测、传染病监控、野外测绘、新闻报道、电力巡检、救灾抢险等领域，充分展示了无人机的巨大优势。按无人机的自重划分，7 kg 以下为微型无人机，7～116 kg 为轻型无人机，5 700 kg 以下为小型无人机，5 700 kg 以上为大型无人机。按无人机执行任务的高度分类，任务高度在 100 m 以下者为超低空无人机，100～1 000 m 间为低空无人机，1 000～7 000 m 间为中空无人机，7 000～18 000 m 间为高空无人机，18 000 m 以上为超高空无人机。

二、无人机系统构成

无人机系统由飞行平台、作业平台、飞控系统组成。

（一）飞行平台

无人机的种类很多，主流产品是固定翼无人机和旋转翼无人机（图3－4）。固定翼无人机通过动力系统和机翼的滑行实现起降和飞行，抗风能力强，是类型最多、应用最广的无人驾驶飞行器。固定翼无人机依托机翼外形让机翼上下的空气流速不一样，产生了压力差，从而将其托举在空中。由于固定翼无人机的起降需要比较开阔的场地，民用方面主要适应于林业和草场监测、海洋资源监测、土地利用监测和电力巡检等领域。

图3－4　固定翼无人机（左）、旋转翼无人机（右）

旋转翼无人机是指具有多个旋翼轴带动旋翼的无人驾驶飞行器，常用的有四旋翼无人机、六旋翼无人机、八旋翼无人机。旋转翼无人机通过每个旋转轴上的电动机转动，带动旋翼，从而产生升推力。通过改变不同旋翼之间的相对转速，可以改变单轴推进力的大小，从而控制飞行器的运行轨迹。旋翼无人机操控性强，可垂直起降和悬停，主要适用于低空、低速、有垂直起降和悬停要求的任务类型，目前的农用无人机主要使用旋转翼无人机。

（二）作业平台

作业平台是指无人机完成具体任务的相关设备，军用无人机通过搭载各种侦察设备或武器装备来实现任务目标，在此不作具体介绍。民用无人机的作业平台根据其任务目标不同，具有多样化的作业平台。用于图像数据采集的无人机，可以搭载RGB摄像头、多光谱仪、高光谱成像仪等实现数据采集；无人机安装货架、固定货物即可为农村电子商务送货上门（图3－5）。农业无人机可以通过更换作业平台实现不同的作业任务。

图 3-5 无人机遥感监测（左）、无人机运输（右）

（三）飞控系统

飞控系统又称为飞行管理与控制系统，是无人机系统的“心脏”部分，对无人机的稳定性和数据传输的可靠性、精确度、实时性等都有重要影响，对其飞行性能起决定性的作用。无人机可采用遥控飞行和程控飞行两种模式，程控飞行是通过编写程序控制无人机作业，遥控飞行则通过操作遥控站来完成相关作业（图 3-6）。

图 3-6 摄影无人机及其遥控站

三、农业无人机应用

在农业生产的田间作业中，尤其是处于作物生长发育期内的田间作业中，进入田间的农业机械不可避免地会对农作物造成一定的损伤，而无人机的空中作业展示了其在此方面的独特优势。

（一）植保无人机

无人机在农业上的应用，最引人关注的是在植物保护领域的植保无人机（图 3-7）。植保无人机是指用于农林植物保护作业的无人驾驶飞行器。使用无人机喷施农药防治作物病虫草害，可以有效减少农药用量，提高喷洒作业的安全性。

图 3-7　植保无人机工作场景

喷施水剂农药一般使用电动多旋翼水雾植保无人机，将配制好的农药水溶液装入药箱，即可启动水雾植保无人机向下喷雾（图 3-8）。现代无人机的轻量化和近地面作业，大大拓展了农业生产中的应用空间，超低空无人机可以在距冠层 1 m 的高度实施超低容量喷雾，进一步减少了农药用量，提高了病虫草害防治效果。

图 3-8　水雾植保无人机

弥雾植保无人机（图 3-9）将原药与油性介质混合，利用冷雾发生器形成超微雾化颗粒弥散作物全株，主要用于果树病虫防治。无人机喷药主要适应于高浓度、低剂量喷雾的农药剂型，对于需要大剂量淋洗的病害如水稻纹枯病，防治效果将受到限制。植保无人机的进一步发展，主要体现在靶标施药、精量施药、定点喷施等领域。

图 3-9 弥雾植保无人机

(二) 播种无人机

无人机播种已有很多成功案例，在我国西北干旱地区植树造林，使用无人机射播树木种子或牧草种子，克服了传统飞机航播用种量大，浪费严重的问题。近年来，水稻生产领域已开始使用无人机射播技术，将水稻种子利用压缩空气射入 0.5 cm 以内深度的泥土中，大大提高了作物出苗率。在大田生产领域，与田间播种机械比较，无人机播种克服了田间机械作业掉头、转向对整地作业质量和效率的影响，以及重播、漏播等问题，无人机的内置专家系统可以通过种子标记判断田间实际播种密度，并实时判断需要补播的地段，保证播种的均匀性。智慧农业时代的精准播种无人机，应根据土壤生产潜力、作物需肥特性等，实现不同地段的差异化精量播种，最大限度地发挥土地生产力。

播种无人机实际上就是由无人机搭载一个颗粒播撒器，也就是说将水剂植保无人机的药箱更换为颗粒播撒器，即可用于播种，一般情况下，颗粒播撒器可用于 0.5～6 mm 直径的种子播种，油菜、豆类均可使用。

(三) 施肥无人机

无人机的空中作业特征和动力源，决定了农用无人机的负重不可能太大，低肥效、低浓度的肥料不适合空中作业，有机肥也不可能空中施用。一般情况下，无人机施肥技术主要应用于追肥，在避免作物机械损伤方面具有明显优势，对于直径在 0.5～6 mm 范围内的颗粒肥料，都可以使用颗粒播撒器施用追肥（图 3-10），叶面施肥则可以使用水雾植保无人机喷施。

图 3-10　无人机追肥

（四）无人机的其他应用

农业生产领域的生长调节剂，是调节农业生物生长发育方向的农业投入品，一般表现为低浓度即可产生明显效果，使用无人机喷施具有明显优势。例如，油菜苗期使用无人机喷施多效唑，具有矮化植株、提高植株抗寒性、增加一次分枝数等效果。棉花苗期使用无人机喷施缩节胺可以实现植株矮化。利用无人机飞行过程中产生的风力，为果树辅助授粉，能够有效提高水果产量。

杂交水稻制种中，水稻不育系“包颈”现象严重，采用无人机可以对母本精准喷施“九二〇”促进穗颈伸长，提高制种产量。在杂交水稻制种田中，父本和母本相间种植且有一定距离，要提高授粉受精率，必须人工赶粉以促进父本的花粉落到母本的柱头上，这是一项非常繁重的体力劳动，近年来，利用旋翼无人机飞行时产生的旋翼风场辅助授粉，具有很好的实施效果（图 3-11）。

图 3-11　杂交稻制种的人工赶粉（左）、无人机辅助授粉实景（右）

传统的农事操作是人在田中走，一身泥一身水，苦不堪言。田间机械作业虽然替代了部分人类劳动，但机械在田间作业造成犁底层破坏、作物损伤等问题，加之农业机械在风里来、雨里去、泥里趟导致锈蚀严重，农业机械的使用寿命一般只有 5 年左右。无人机应用作为农业装备的一个全新领域，呈现着“井喷式”发展格局，也是人类思维的重大突破：农事操作为什么一定要下田？农民为什么必须一身泥一身水？无人机作业和自主作业农业机械将彻底改变这种状态，农民将成为一种体面的职业。

第三节　农业机器人技术

随着大数据、云计算、物联网技术的迅速发展，以及图像识别、声音识别、自然语言处理和基于人工神经网络的深度学习等方面的技术突破，机器人以更接近自然人的状态呈现于世间，引起了社会的广泛关注。农事操作的环境恶劣、劳动强度大、精细化程度要求高，以及作业对象具有生命特征，正给予了农业机器人广阔的用武之地。

一、机器人技术发展动态

（一）机器人简介

机器人是自动执行作业任务的机器装置，它可以接受人类指挥，也可以运行预先编排的程序实施程序化作业，还可以根据人工智能技术制定的原则纲领实施行动。广义的机器人是指协助或取代人类工作的机器装置，包括接受自动控制的各种机械手、机械臂，以及承担劳动强度大、工作环境恶劣、具有生命危险等方面工作的机械装置，属于人类器官功能延伸的工具范畴。狭义的机器人则是指具有部分人类外观特征和人工智能的机器系统。目前，语言翻译机器人、护理机器人、对弈机器人、辅助教学机器人、工业生产机器人等已进入我们的生产领域和日常生活，给我们带来了前所未有的新体验。

（二）研制机器人的三原则

目前机器人领域的研发热点是具有自主意识和自主行为能力的机器人，完全交给机器决策的自主意识和自主行为能力，可能会带来意想不到的灾难。1940 年，科幻小说家阿西莫夫为机器人提出三条定律，目前已被机器人界普遍公认。在研发和设计机器人时，程序设计中应规定机器人必须遵守三个原则：一是机器人不得伤害人类，或袖手旁观坐视人类受到伤害；二是除非违背第一原则，机器人必须服从人类的命令；三是在不违背第一、第二原则的前提下，机器人必须保护自己。

（三）智能机器人的三要素

智能机器人具备形形色色的内部信息传感器和外部信息传感器，相当于人类的感觉器官。同时，机器人还应有特定功能的效应器，是指能够实施作业的行为器官，类似于人类或动物的手、足。更重要的是，智能机器人必须有类似于人脑的“大脑”用于思维和决策（图 3－12）。由此可知，智能机器人至少要具备三个要素：感觉要素、反应要素和思考要素。智能机器人能够理解人类语言，能够使用人类语言与操作对象对话交流；智能机器人能分析临时出现的紧急情况，并调整自己的行为以达到任务目标；智能机器人能够自主拟定行动方案，并在环境变化条件下完成或变更这些动作。简言之，智能机器人就是具有自主意识和自主行为能力的新一代智能机器。

图 3－12　智能机器人示例

在机器人应用越来越广泛的当今世界，机器人正在深刻地改变我们的生产行为和生活方式，也有可能带来一些意想不到的问题，机器人在生产过程中引发的伤人事件，促使人们开始思考机器人的责任问题；2017 年沙特阿拉伯授予机器人索菲亚公民身份，机器人与我们人类并存于世，将会导致什么后果。这些都引发了人类与机器人的伦理关系探讨，机器人是工具、奴隶、公民？“机器人＝人”与“机器人＝机器”的元命题探讨看似简单，事实上涉及人类与机器人的道德地位、伦理关系等科学哲学问题，以及机器人研发与制造领域的限制性规范与伦理规制等技术问题。

二、机器人研发技术原理

人工智能机器人模拟、模仿人类智慧，必须由研发人员赋予机器相应能力：机器学习、深度学习赋予机器学习能力，语音识别、视觉识别、自然语言处理赋予机器交际能力，形象思维、逻辑思维、创新思维赋予机器思维能力，自主意识、自主决策和自主作业赋予机器自主行为能力（图 3－13）。

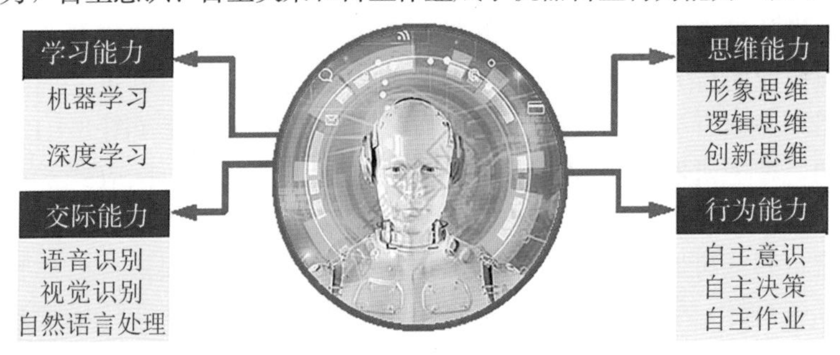

图 3－13 机器人研发技术原理

（一）赋予机器学习能力

人类智慧是在个体社会化过程中不断学习的成果，如果对机器人赋予一定的学习能力，也必然实现机器智能。目前，赋予机器学习能力的基本方法是机器学习，其中基于人工神经网络的深度学习是机器学习的较高水平。

1. 机器学习

机器学习是人工智能的核心，专门研究计算机怎样模拟或实现人类的学习行为，以获取新的知识或技能，不断提升解决实际问题的能力和水平（图 3－14）。机器学习已形成一个庞大的方法体系，可以简单地概括为两大类：监督学习和无监督学习。

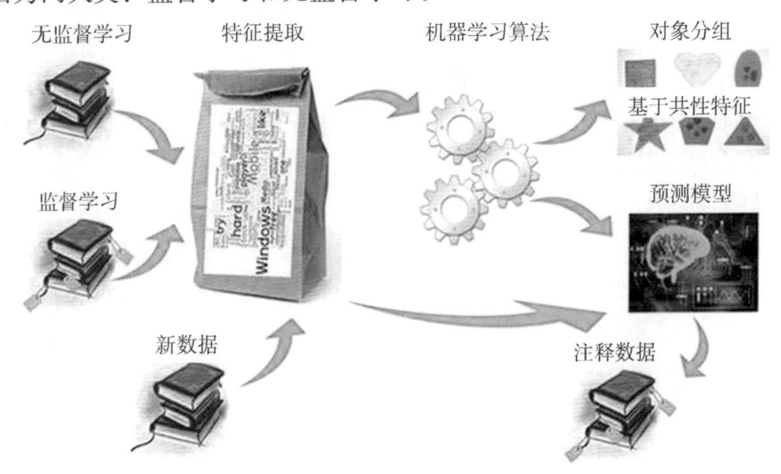

图 3－14 机器学习的一般流程

机器学习必须面对海量的非结构化数据（全文文本、图像、声音、影视、超媒体等），对非结构化数据提取规律性特征的基本方法是建立数学模型，在实际应用中不断丰富数据资源和优化模型，从而形成机器学习的递进式优化过程：利用已积累的大数据资源进行数据建模，经过模型验证和测试，达到一定精度要求后即可交付使用，在每次使用时既可提交解决方案，同时本次使用的数据资源存入数据资源库，使农业大数据资源库不断丰富，不断丰富数据资源的过程使模型精度不断提升，从而实现模型递进式调优（图 3 - 15）。

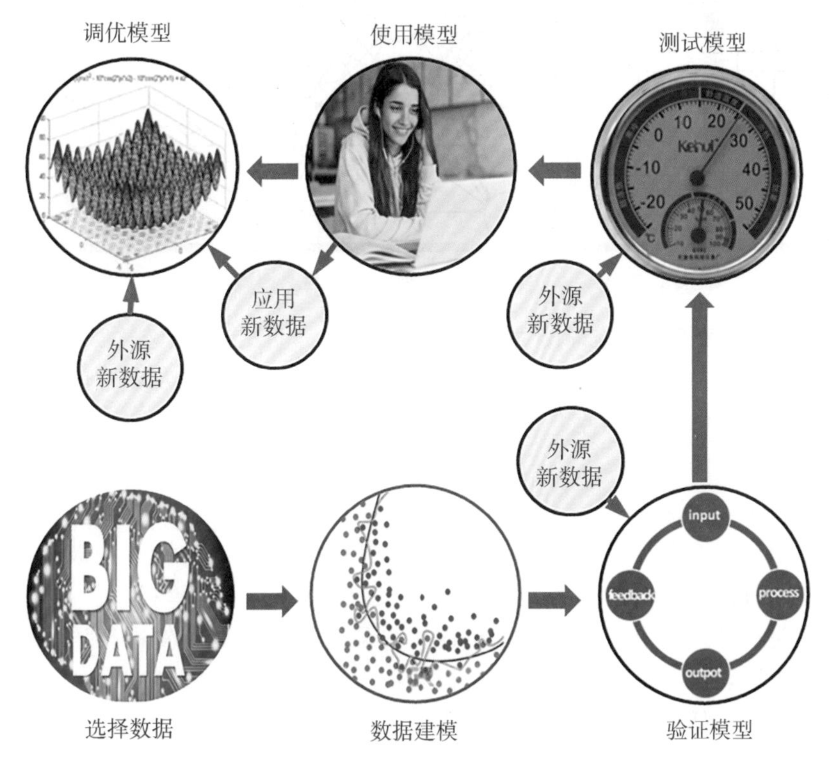

图 3 - 15　机器学习的数据建模及其递进式优化

2. 深度学习

人工智能模拟人类思维的感觉、知觉、意识、决策过程，可以粗略地构建信息采集、信息加工、信息提炼、信息升华等多层感知器（图 3 - 16）。多层感知器是一种前向型人工神经网络，映射一组输入向量到一组输出向量，每一层全部连接到下一层。除了输入节点，每个节点都是一个带有非线性激活函数的类似人类神经元的处理单元。一个完整的多层感知器运行过程可以理解为一个简单事件的思维过程，深度学习需要许多次这样的训练过程，在训练过程中，一种被称为反向传播算法的监督学习方法被用来训练多层感知器，从而实现人工神经网络的不断优化。目前，深度学习在图像识别、语音识别、自然语言处理等领域已得到广泛应用。

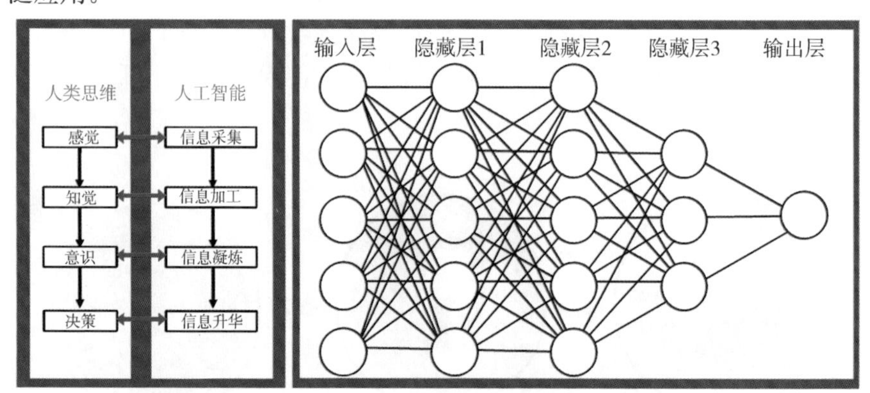

图 3-16 深度学习的拟人机制与多层感知器

（二）赋予机器交际能力

机器人与人类交流，必须能够听懂人类语音、识别人类个体和各类实物，并能够使用某种人类语言与人类进行语言交流，从而实现智能机器人的交际能力。

1. 语音识别

语音识别是指机器利用声敏传感器接受人类发出的语音声波，并将这些语音声波分析解读为具有特定语义的语言文本。简单地说，语音识别就是机器理解语音的过程。机器接受语音输入以后，先进行语音声波特征提取，再利用声学模型进行模式匹配，结合语言模型和发音词典进行解码（包括一系列基于人工神经网络的语言处理过程），从而得到具有特定语义的语言文本（图 3-17）。

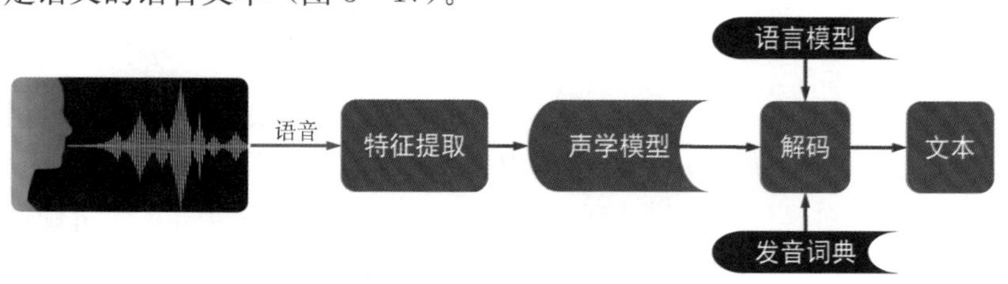

图 3-17 语音识别过程

2. 视觉识别

视觉识别也称为图像识别，人类眼睛在某一时刻所看到的静止图景称为静态物像，对于运动或变化过程的视觉实际上是若干帧静态物像的动态过程。机器的视觉识别模拟人类视觉机制，以静态物像识别为基础，动态过程则是静态物像的连续呈现过程。静态物像识别的典型案例是人脸识别系统，这一技术已广泛应用于门禁系统。人脸识别系统通过摄像头采集人脸图像信息，对人脸定位后进行人脸特征提取，再与人脸资料库所存储的人脸数据进行特征比对，找到了匹配的人脸数据则识别成功允许通过，找不到匹配的人脸数据则识别失败不允许通过，每次识别过程都会自动提取识别记录并将识别记录信息存入人脸资料库，从而实现人脸识别精度和响应速度的不断提升（图 3－18）。

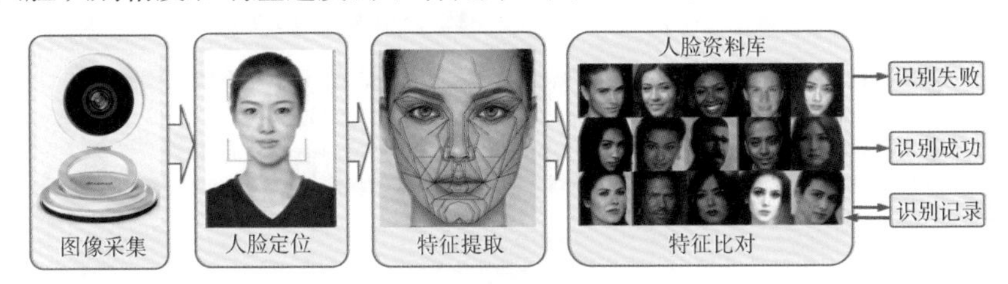

图 3－18　人脸识别过程

3. 自然语言处理

智能机器人与人类交流需要对话，即机器既要能理解人类语言，也要能够用人类语言与人类交流，因此需要进行自然语言处理。自然语言处理是一个复杂过程，交流过程中首先要理解对方的语言，必须有一个语音识别过程，回复语言之前必须有一个思考应对过程，再生成应对语言文本，在此基础上实现语言生成并通过扬声器实现语音输出。翻译机器人的技术体系已经比较成熟，这还是一种比较简单的自然语言处理过程（图 3－19）。

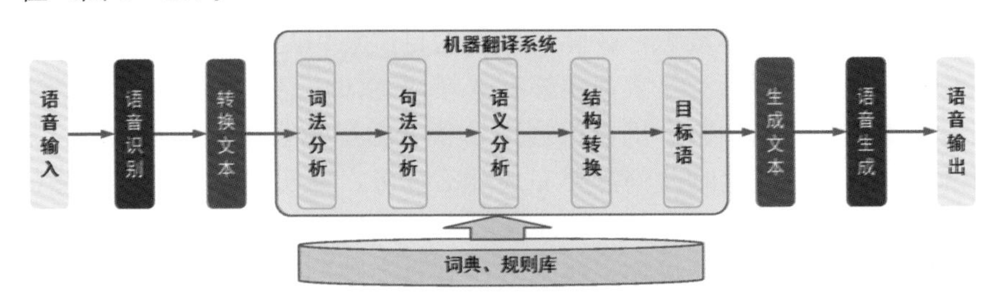

图 3－19　翻译机器人的语言处理过程

（三）赋予机器思维能力

模拟人类的形象思维，机器实现数据采集、传输、存储、整理、变相、转型、分解、整合等功能，这方面的技术已相对成熟；模拟人类逻辑思维，实现数据信息的分类、归纳、排列、对比、筛选、判别、推理等过程，这方面的人工智能以计算数学为基础，具有很大的发展空间；模拟人类的创新思维是人工智能的难点和重点，实现思维辐射、逆向、求异、突变、直觉、灵感、顿悟等，目前尚处于起步阶段，可以说任重而道远（图 3-20）。

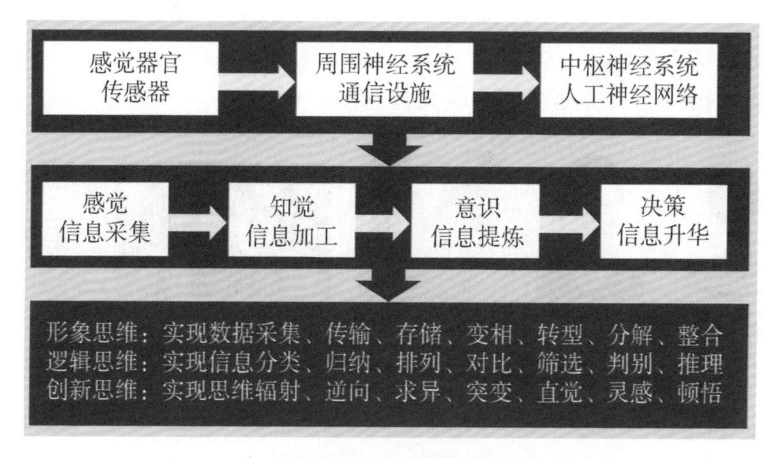

图 3-20　智能机器人思维能力的形成机制

（四）赋予机器自主行为能力

成年人类个体具有自我意识和自主行为能力，即能够正确认识自己在不同场合的角色定位，面对现实的任务需求，在理想信念和行为理念支配下产生自主行为。智能机器人不依赖人类的现场操控，要形成在不同场景、不同任务目标下的自主行为能力，必须有三个方面的技术支撑：自主意识、自主决策、自主作业。自主意识是主体的自我认知以及基于自我认知而形成主体意识，智能机器人的自主意识是指在不同的现实环境中，依赖机器的思考要素，能够有选择地感知信息并根据现实场景的变化情况作出适当调整。机器根据现场状态的智能感知、智能分析、智能预警，能够判断此时此刻需要完成什么任务，并明确怎样完成这些任务，这是智能机器人的自主决策过程。具有自主决策能力的智能机器人，对完成特定任务的具体操作，必须依赖其自动控制系统和反应要素，实现自主作业。

三、农业机器人应用前景

（一）农业机器人假想模型

目前，不少人将智慧农业理解为无人农场，即农民不需要进入田间从事农事作业。要达到这种状态，必须研发多样化的专用农业机器人。未来的农业机器人是个什么样子？可以发挥想象：能量来源方面，农业机器人利用太阳能电板自给能源，可以实现持续作业（图 3－21）；农业机器人集智能感知、智能分析、智能决策、智能控制、自主作业为一体，通过智能感知、智能分析，自主决策需要进行哪种农事操作，通过作业对象自主识别、作业强度智能控制来实施自主化农事操作，达到田间作业的优化控制。农业机器人的感知要素包括多样化的农业传感器，反应要素是实施农事作业的机器臂或机器手，思考要素是基于类似于人类感觉—知觉—意识—决策的人工神经网络模型，决策则依托反应要素来实施，从而形成农业机器人的自主决策与自主行为能力。

图 3－21 太阳能月球车模型（左）、光伏供能的农业机器人（中、右）

（二）专用农业机器人

目前，农业机械化在机耕、机收、机插、机栽等领域都取得了重大进展，机械收获方面，籽实类作物的联合收割机已广泛应用，但水果和其他含水量高的农产品采收是明显的技术瓶颈。

农产品的鲜活特性决定了采收过程中的机械损伤，必然导致商品价值大幅度下降，这是目前农业机械化领域的痛点。利用机器人采收农产品，尤其是采收花卉、水果、蔬菜等含水量较高的鲜活农产品，必须依赖色敏传感器、力敏传感器等，来鉴别采收对象、定位操作目标和控制反应器操作强度，同时还必须依赖机器学习积累田间作业经验（图 3－22）。

图 3－22　采摘机器人工作场景

精准施肥机器人主要用于追肥作业。一般施肥机械施用追肥时，不可避免地导致部分作物受到损害，智能机器人的避碍技术可以有效解决这一问题，实施田间精准靶标施肥，实现省肥、省工、增效。

智慧农业时代的植保机器人，既包括靶标施药、精准防治等技术应用，还体现在传染性病株销毁、感染部位精准用药、直接杀死害虫个体、清除杂草植株等方面。

养殖机器人具有广阔的应用前景，放牧机器人、挤奶机器人、饲喂机器人、畜禽排泄物清理机器人等都已在生产上开始应用，既可避免人类进出养殖场所的环境污染，同时也因机器人的非生命特征减轻对农业动物的惊吓和干扰。

农业机器人是一种专项任务机器人，基于这种思路的水下机器人研发具有广阔空间：水下作业机器人、水下检测机器人、水下打捞机器人、水下排险机器人、单体捕捉机器人、网捞辅助机器人等，都是水产养殖和渔业捕捞的重要现代化手段。

田间农事作业始终避免不了对农业生物的干扰和损伤，自主作业的小型机器人，利用太阳能电板提供动力源，无论严寒酷暑均可以田间作业，利用智能机器人的智能感知、智能分析、自主识别、自主控制和自主行为能力，可以日夜在田间巡视作业，根据田间实况，可即时完成清除杂草、杀死害虫、靶标施药、差异化精准施肥、差异化使用生长调节剂等，是农事作业自动化发展的终极目标。

得益于大数据、云计算、物联网、人工智能和现代通信技术的迅速发展，智能机器人正在不断刷新人类感觉，颠覆人类传统印象，同时也激发了人类对智能机器人美好前景的憧憬和向往。

第四节 现代工业支撑技术

一、农业投入品

农业投入品是指在农产品生产过程中使用或添加的物质。包括种子、种苗、肥料、农药、兽药、饲料及饲料添加剂等消耗性农用生产资料。在这里，种子、种苗不属于工业生产的农业投入品，因此这里不讨论种子、种苗。

(一) 肥料

肥料是农业生产中最重要的投入品，传统农业主要使用有机肥（人畜粪尿、堆肥、凼肥、草木灰等）和绿肥（如紫云英）维持地力常新壮。近年来，各地陆续推出多种多样的商品有机肥，如大型养殖场的畜禽粪便经一定发酵处理后可生产优质商品有机肥，还可以添加一些特殊原料（如微生物菌剂、豆粕、化学肥料等）生产多样化的生物有机肥（图 3-23）。

图 3-23 商品有机肥示例

化学肥料为农作物丰产做出了重大贡献。常用的化学肥料中，化学氮肥有铵态氮肥（碳铵、氯化铵、硫酸铵、液氨）、硝态氮肥（硝酸钠、硝酸钙）、酰胺态氮肥（尿素），化学磷肥主要有过磷酸钙、钙镁磷肥等，化学钾肥主要有氯化钾、硫酸钾等。兼具多种肥效的化学肥料称为复合肥料，如硝酸铵、磷酸二氢钾、磷酸铵、偏磷酸铵、氨化过磷酸钙、硝酸磷肥、硝酸钾等。

混合肥料是由机械方法混合几种单一肥料，或一种单一肥料与二元或三元复合肥料混合而得。有时可在其中加入一些填充物，以改善肥料的物理和化学性质。目前市场上的混合肥种类很多，氮磷钾三种常量元素的混合肥广泛应用于生产实践，使用时需要注意混合肥中的有效养分含量，如肥料包装上标明 $N - P_2O_5 - K_2O$ 为 15 - 15 - 15，则表明该种肥料中所含的氮、磷、钾有效成分均为 15%。

微生物制剂是指由有益微生物制成的，含有能够改善作物营养条件，用于农业生产中能够获得肥料效应的活体微生物（细菌）制剂，因此也称菌肥。微生物制剂或生物肥料含有大量活体微生物，是以微生物生命活动的产物来改善作物营养条件，发挥土壤潜在肥力，刺激作物生长发育，抵抗病菌为害，从而提高农作物产量。

缓（控）释肥也是农业生产的重要肥源，缓释肥指肥料中有效养分释放速率延缓，可供植物持续吸收利用。控释肥指肥料中有效养分释放速率能按植物的需要有控制地释放，从而提高肥效。

（二）农药与兽药

化学农药根据其用途来划分，有杀虫剂、灭菌剂、除草剂三大类，新农药的研发方向是高效、低毒、低残留，即对病虫草害防治高效，对人畜低毒甚至要求无毒副作用，低残留是指农药在经济产品中无残留或残留量低于食品卫生标准。生物农药是指利用生物活体（真菌、细菌、病毒、昆虫、天敌等）或其代谢产物，针对农业有害生物进行预防、抑制或杀灭的制剂。生物农药是农业有害生物综合防控的重要发展方向。

兽药是指用于预防、治疗、诊断动物疾病或者有目的地调节动物生理功能的物质（含药物饲料添加剂）。兽药主要包括：血清制品、疫苗、诊断制品、微生态制品、中药材、中成药、化学药品、抗生素、生化药品、放射性药品及外用杀虫剂、消毒剂等。

（三）生长调节剂

生长调节剂是指人工合成或从生物体内人工提取的，具有调节植物生长发育过程功能的激素类或生物、化学制剂。植物生长调节剂按其生理作用可分为植物生长促进剂、植物生长延缓剂、植物生长抑制剂、乙烯释放剂、脱叶剂和干燥剂等。例如，赤霉素可促进植物株高和节间伸长。多效唑具有延缓植物生长、抑制茎秆伸长、缩短节间、促进植物分蘖等功效。缩节胺对植物营养生长有延缓作用，可降低植株体内赤霉素的活性，从而抑制细胞生长，顶芽长势减弱，控制植株纵横生长，使植株节间缩短，株型紧凑，叶色深厚。

（四）饲料与饲料添加剂

畜禽养殖的饲料采用多种原料按一定工艺生产而成。鱼类及其他水生动物的食物称为饵料，分为天然和人工饵料两类，水体中的浮游生物、细菌、底栖生物、水生植物、有机碎屑等称为天然饵料，人工投喂的饵料包括鲜草和商品饵料。饲料添加剂是指在饲料、饵料生产加工或使用过程中添加的少量或微量物质，在饲料中用量很少但作用显著。

二、栽培基质

（一）无土栽培基质

无土栽培是以草炭或森林腐叶土、蛭石等轻质材料做育苗基质固定植株，让植物根系直接接触营养液的栽培方式。无土栽培的基质种类很多，草炭、腐殖土、锯木屑、泥炭、石英砂、卵石等是天然的无土栽培基质，蛭石、珍珠岩、麦饭石粉、塑料颗粒等也是常用的基质（图 3 - 24）。

蛭石

珍珠岩

麦饭石粉

图 3 - 24　常用无土栽培基质

岩棉是采用优质玄武岩、白云石等原材料，经 1 450 ℃以上高温熔化后，采用四轴离心机高速离心成纤维，同时喷入一定量黏结剂、防尘油、憎水剂后，经集棉机收集，通过摆锤法工艺，加上三维法铺棉后进行固化、切割，形成不同规格和用途的岩棉产品。岩棉具有很好的保温隔热、吸水保湿能力，岩棉板材具有很好的吸水、保水、保肥作用，智能温室中常用作下垫材料，还可生产岩棉育苗块用于蔬菜育苗（图 3 - 25）。

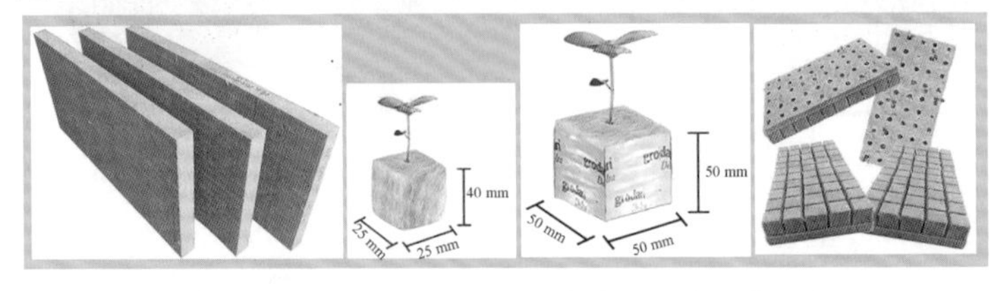

图 3 - 25　岩棉板材（左）、岩棉育苗块（中、右）

（二）育苗基质

育苗基质为种子萌发和幼苗生长提供条件，目前商品育苗基质有两类，一类是按不同作物需求配制的育苗营养土，另一类是制作成定型的育苗基质块（图 3－26）。

育苗营养土　　　　育苗基质块

图 3－26　育苗基质

三、农用材料

（一）农膜及塑料制品

农膜即塑料薄膜，主要成分是聚乙烯。主要用于覆盖农田，透明农膜能起到提高地温、保持土壤湿度、促进种子发芽和幼苗快速增长的作用。有色农膜对光谱的吸收和反射规律不同，具有不同的作用：黑色膜主要用于控制农田杂草危害，蓝色膜有利于培育矮壮秧苗，红色膜可使甜菜含糖量增加。

农业生产大量使用育秧盘、抛秧盘、蔬菜育苗盘等塑料制品（图 3－27），为我们提供了丰富多样、价廉物美的农用材料和工具，但同时也带来了一定的环境问题，农膜及农用塑料制品的回收和资源化利用是农业环境保护领域的一个重要课题。

图 3－27　机插秧盘（左）、机抛秧盘（中）、蔬菜育苗盘（右）

（二）PVC 型材

PVC 是聚氯乙烯的英文缩写，PVC 型材包括管材和各种造型的 PVC

材料制品，管材主要用于设施农业的给排水系统，其他PVC型材可以根据需要定制成各种形状和规格，已广泛应用于设施农业领域（图3-28）。

图3-28　设施农业使用的PVC型材

（三）PC板材

PC是聚碳酸酯的英文缩写，PC板材有两类：耐力板和阳光板（图3-29）。PC耐力板是聚碳酸酯实心板，具有采光性好、抗冲击性强、阻燃防火、隔音降噪、防紫外线等特点。PC阳光板是聚碳酸酯多层中空板材，透光性好，具有较好的保温能力，是智能温室常用板材。

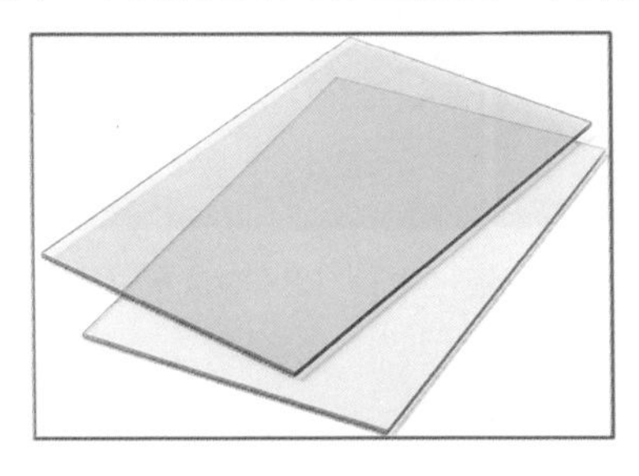

PC耐力板

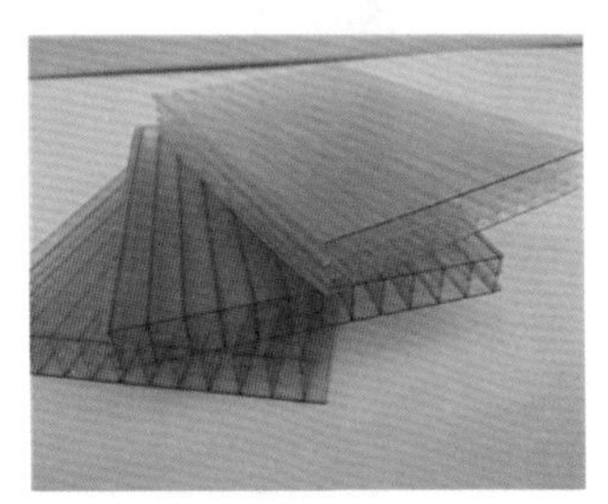

PC阳光板

图3-29　PC板材

（四）彩钢夹芯板

彩钢夹芯板由上下两层金属面板和中层高分子隔热内芯压制而成。具有安装简便、质量轻、环保高效的特点。彩钢夹芯板的芯材有六种，分别为聚苯乙烯夹芯板（EPS夹芯板）、挤塑聚苯乙烯夹芯板（XPS夹芯板）、硬质聚氨酯夹芯板（PU夹芯板）、三聚酯夹芯板（PIR夹芯板）、酚醛夹芯板（PF夹芯板）、岩棉夹芯板（RW夹芯板）。植物工厂的保温隔热可以使用彩钢夹芯板内包墙体，也可以直接用彩钢夹芯板建成活动板房（图3-30）。

图 3-30 彩钢夹芯板

(五) 漂浮泡沫板

智能温室水培可以定制栽培穴的漂浮泡沫板，常用的有 PVC 发泡板、PS 泡沫板、EPS 泡沫板。PVC 发泡板又称为雪弗板和安迪板，其化学成分是聚氯乙烯；PS 泡沫板的化学成分是聚苯乙烯，EPS 泡沫板由可发性聚苯乙烯珠粒经加热预发泡后在模具中加热成型，而制得的具有闭孔结构的聚苯乙烯泡沫塑料板材（图 3-31）。

图 3-31 PVC 发泡板（左）、PS 泡沫板（中）、EPS 泡沫板（右）

第四章　智慧农业支撑技术

近年来，广大农业科技工作者和新型农业经营主体积极开展智慧农业探索实践，已积累了一些比较成熟的智慧农业应用技术，这些智慧农业技术的推广应用，既可以直接服务于生产，大幅度减少农业生产活劳动的消耗，同时也为智慧农业发展奠定了技术基础。

第一节　农业物联网工程技术

农业物联网工程是数字农业建设的主要内容之一，同时也可直接应用于智能温室、植物工厂、智慧养殖、无人农场、无人牧场等，农业物联网工程是智慧农业重要支撑技术。

一、农业物联网技术基础

（一）计算机网络

计算机网络是指将地理位置不同的多台计算机及其外部设备，利用通信线路连接起来，实现资源共享和信息传递的计算机系统（图 4-1）。互联网是指由若干计算机网络相互连接而成的网络系统，即若干个小网络互联成一个更大的网络系统。国际互联网是全球最大的计算机互联网，是全球信息资源总汇，也称因特网。

图 4-1　计算机网络示意图

移动互联网是将移动通信和互联网二者结合起来，成为一体的现代通信技术。移动通信系统从20世纪80年代诞生以来，大体经过5代的发展历程。第一代移动通信系统1G是基于模拟信号传输的无线通信技术，仅支持语音通信。第二代移动通信系统2G的数据传送速率得以提高，为手机提供了收发短信功能。第三代移动通信系统3G使用智能信号处理技术，支持语音和多媒体数据通信。第四代移动通信系统4G能够传输高质量视频图像。第五代移动通信系统5G是目前正在普及的现代通信技术，目标是向千兆移动网络和人工智能迈进（图4-2）。

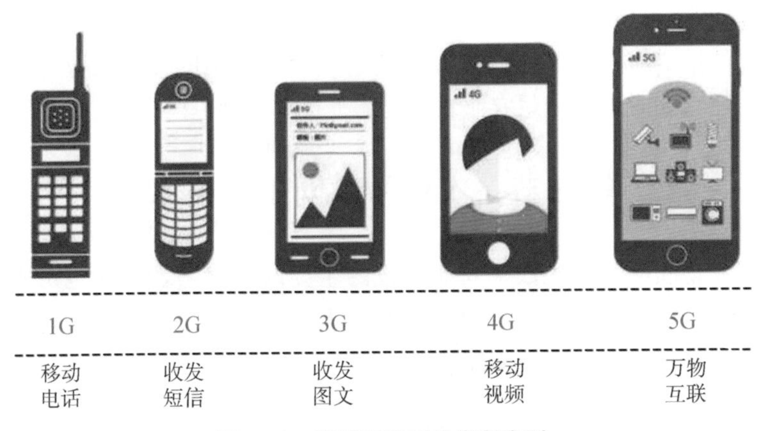

图4-2 移动互联网的发展序列

互联网和移动互联网的迅速发展，渗入到了人类生产和生活的各个领域，人们已置身于无处不在的网络之中，体验着无所不含的信息服务和应用，这就是泛在网络。泛在网络提供“4A”化通信，即任何时间（Anytime）、任何地点（Anywhere）、任何人（Anyone）、任何物（Anything）都能够顺畅地通信，进入到人类生活的方方面面。

（二）物联网基本概念

物联网是在互联网基础上的延伸和拓展，是物物相连的互联网。通俗地说，物联网将人、计算机、手机、传感器、控制设备等通过互联网和移动互联网组建成彼此相连的网络体系，实现物物相连与人物对话（图4-3）。物联网主要解决物品与物品、人与物品、人与人之间的互联，是以用户体验为核心的业务模式创新，是提升生活品质和工作效率的一种现代化手段。物联网是大数据采集、传输、远程监控和自动控制的基础和前提，在互联网的基础上将“用户端”延伸和扩展到了无生命的普通物品，实现了人与人、人与物、物与物之间的信息交流和通信。

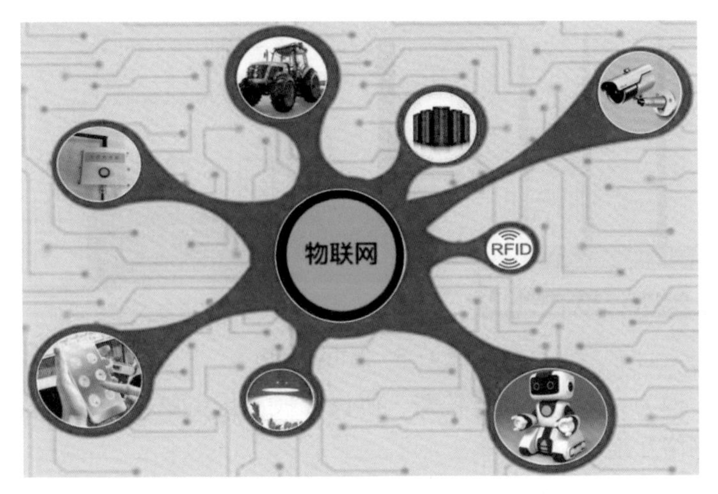

图 4-3　物联网实现物物相连、人物对话

（三）物联网设备认知

（1）有线传输介质（图 4-4）。①同轴电缆。一般具有四层：中心为内导体，其外有绝缘层，绝缘层外为外导体，最外围为护套。②双绞线是综合布线工程中最常用的一种传输介质，是由两根具有绝缘保护层的铜导线组成的。③光纤是光导纤维的简写，是一种由玻璃或塑料制成的纤维，可作为光传导工具。光纤通信是利用光波作载波，以光纤作为传输媒质将信息从一处传至另一处的通信方式。光纤以其传输频带宽、抗干扰性高和信号衰减小的特性，已成为世界通信中主要传输方式。

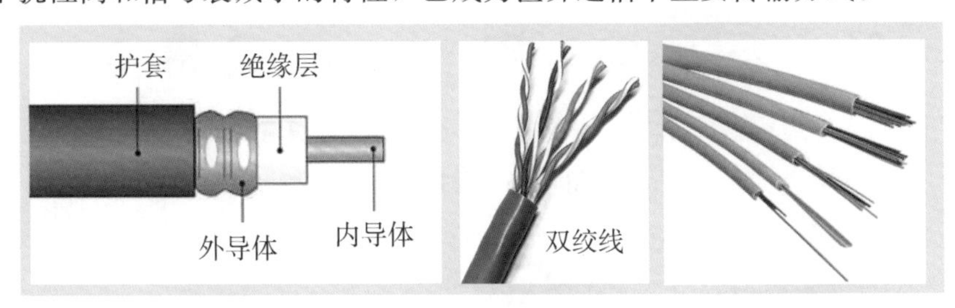

同轴电缆　　双绞线　　光纤软光缆

图 4-4　有限传输介质

（2）路由器。是连接因特网中各局域网、广域网的设备，它会根据信道的情况自动选择和设定路由，以最佳路径，按前后顺序发送信号（图 4-5）。路由器的天线为无线接口，同时还有局域网有线接口和广域网有线接口。

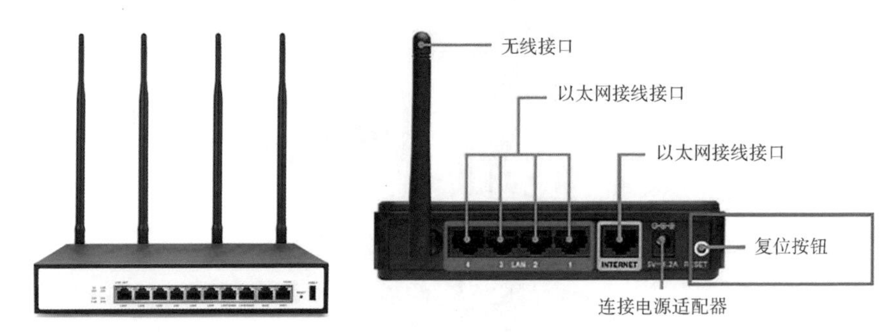

图4-5 路由器示例

（3）网关。又称网间连接器、协议转换器，主要用于两个高层协议不同的网络互连（图4-6）。

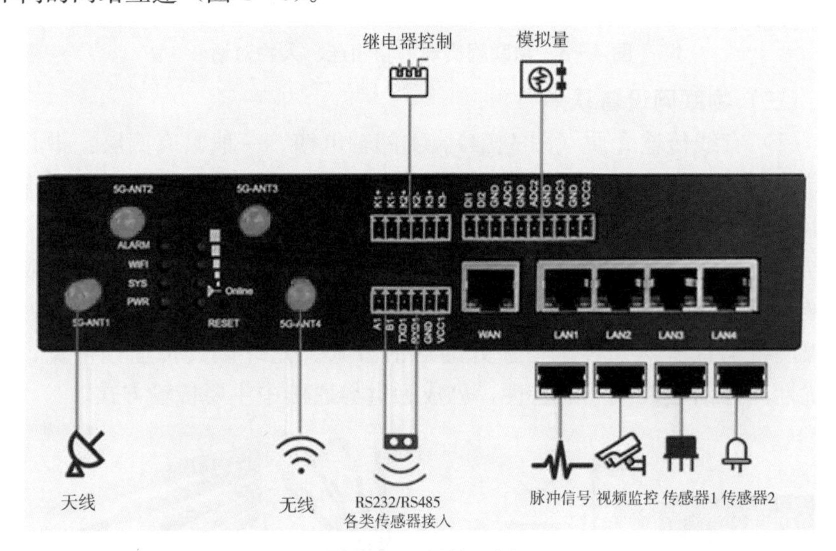

图4-6 网关示例

（四）物联网常用术语

AP：Access Point，无线接入器。

Bluetooth：蓝牙，一种短距离无线传输技术。

CDMA：Code Division Multiple Access，码分多址。

DHCP：Dynamic Host Configuration Protocol，动态主机配置协议。

DNS：Domain Name Service，域名解析服务器。

GPRS：General Packet Radio Service，通用分组无线服务。

GSM：Global System for Mobile Communications，全球移动通信系统。

HTTP：Hypertext Transfer Protocol，超文本传输协议。
IP：Internet Protocol，因特网协议。
IoT：Internet of Things，物联网。
LAN：Local Area Network，局域网。
LoRa：Long Range Radio，远距离无线电。
MAN：Metropolitan Area Network，城域网。
NB-IoT：Narrow Band Internet of Things，窄带物联网。
PC：Personal Computer，个人计算机。
TCP：Transmission Control Protocol，传输控制协议。
WiFi：Wireless Fidelity，无线保真技术。
WAN：Wide Area Network，广域网。
WSN：Wireless Sensor Networks，无线传感器网络。
WLAN：Wireless Local Area Network，无线局域网。

二、农业物联网技术架构

农业物联网技术架构包括感知层、传输层和应用层（图 4-7）。

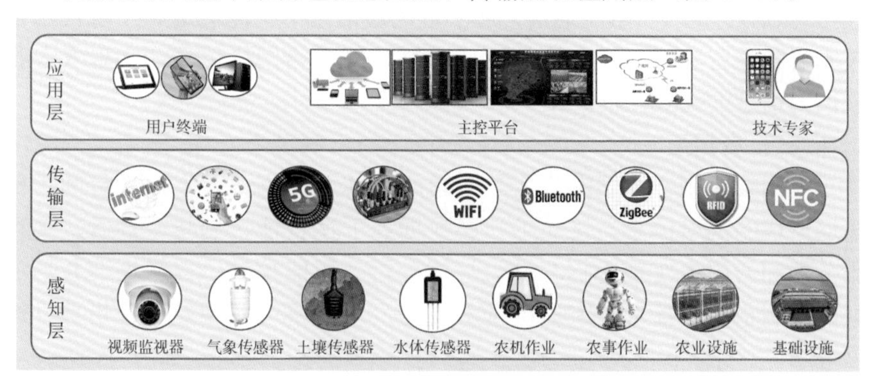

图 4-7　农业物联网技术架构

（一）感知层

感知层的智能感知设备种类很多，必须根据农业物联网的建设目标合理选择和科学配置。视频监视器用于监测生产现场的实际状态，一般使用监控类摄像机（CCD），其中，枪机主要监测摄像头对准的区域，球机可远程控制 360°旋转无死角监测（图 4-8）。农业物联网的智能感知设备还包括各种气象信息传感器、土壤信息传感器、水体信息传感器，也包括能够与计算机直接通信的智慧农机、农业机器人、农业基础设施和其他农业设备设施。不能与计算机直接通信的农业设备设施可利用物品标识技术实现智能感知。

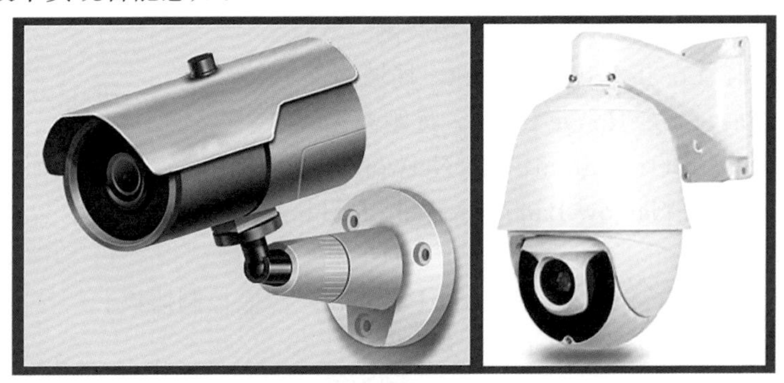

图 4-8 枪机（左）、球机（右）

（二）传输层

传输层实现信息传输，互联网、移动互联网和 4G/5G 技术是农业物联网远距离通信的技术支撑，现场总线是传感器集成终端的内部通信技术，WiFi、蓝牙、Zigbee（紫蜂技术）是物联网近距离通信技术，RFID（射频识别）、NFC（近场通信）属于近场通信技术。传输层利用现代通信技术将各种智能感知设备连接，形成复杂的传输网络体系，实现农业物联网内信息的高效传输。

（三）应用层

应用层为用户提供农业生产问题的具体解决方案，主控平台利用传输层形成的网络体系，接受感知层数据和下达智能控制指令，通过多种服务器和云服务实现数据存储、智能分析、智能预警、智能决策并形成智能控制指令。技术专家提供技术支持，用户终端实现监控、指挥、调度等功能。

三、农业物联网工程实施

（一）农业物联网规划设计

农业物联网是数字农业建设的主要内容，同时也是智能温室、植物工厂、智慧养殖、无人农场等的重要基础设施，必须合理规划和科学设计农业物联网。由于物联网技术具有很强的专业性，一般需要专业团队或公司来承担，但物联网建设的专业团队或公司必须充分了解和准确把握用户需求。实际建设过程中，用户和专业团队必须反复沟通交流，明确建设目标，把握技术细节，协同完成农业物联网规划设计。

（二）智能感知设备选择

农业物联网中需要使用的智能感知设备很多，视频监视器可根据实际需要选择，智慧农机和农业机器人都自带智能感知模块，其他不能与计算机通信的农业设施和用具可使用标识技术联入农业物联网。农业物联网中可以使用单个指标的农业传感器，如光照度传感器、溶解氧传感器。也可以使用同时监测多个指标的传感器，如空气温湿度传感器、土壤温度含水量电导率三合一传感器。还可以使用传感器集成终端（图 4－9），微气象站能实时监测气温、大气相对湿度、太阳辐射、降雨量等气象指标；干旱地区农田墒情监测仪可监测不同土层深度的土壤温度和土壤含水量；温室娃娃类产品可同时监测温室内的气温、湿度、光照强度、二氧化碳浓度等。

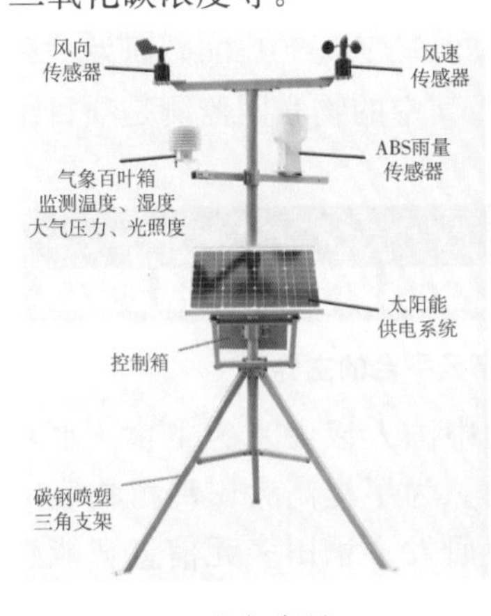

微气象站

土壤墒情监测仪

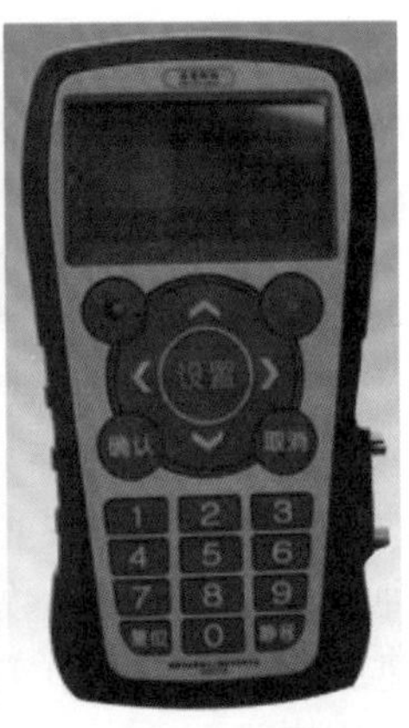

温室娃娃

图 4－9　传感器集成终端

（三）农业物联网建设施工

农业物联网建设施工至少应考虑以下问题：①农业传感器安装位置应充分考虑定位代表性和布点科学性，以有效采集监测数据。②传感器集成终端集成了多种农业传感器且自带光伏供能系统，安装时应设置水泥墩基座并埋入土层一定深度，以增强稳固性。③视频监视器、有线传感器、网关、自动控制设备、环境调控设备等都需要供电线路和通信线路，必须合理规划和科学设计，便于维护和管理，不妨碍生产活动。

（四）农业物联网运行维护

农业物联网投入使用以后，试用期可能会发现一些问题，必须由物联网建设专业团队或公司进行运行调试，以保证农业物联网的正常运行。进入正常运行期以后，也还需要注意运行维护，进行农事作业时注意不能损坏设备、供电线路和通信线路，无线传感器要及时充电或更换电池。

四、大田种植物联网工程

大田种植物联网是数字农业建设的重要内容，农业农村部已在全国地市级农业科学研究所（院）建设了农情监测物联网体系，不同网点通过以太网实时上传监测数据。全国各地的益农信息社已开始在田间布设传感器集成终端，各级地方政府、部分农业企业和农民专业合作社积极开展数字农业建设，已建成了不同规模的大田种植物联网，共同推进数字农业建设进程。

本书作者们所在的智慧农业创新团队依托国家重点研发计划课题“水稻生产过程监测与智能服务平台建设”（2017YFD0301506）研发“稻谷生产经营信息化服务云平台”（图 4－10），其中的物联网监测是项目组建成的水稻生产过程物联网监测体系。

图 4－10 稻谷生产经营信息化服务云平台的主界面

水稻是中国最重要的粮食作物，65％的中国人以大米为主食，水稻种植物联网建设是数字农业建设的重要项目。为了提高大田种植物联网建设的可操作性和实时监测稳定性，项目组研发了稻田多元信息智能感知传感器集成终端（图 4－11），并在湖南省内布设 45 个监测网点，实时

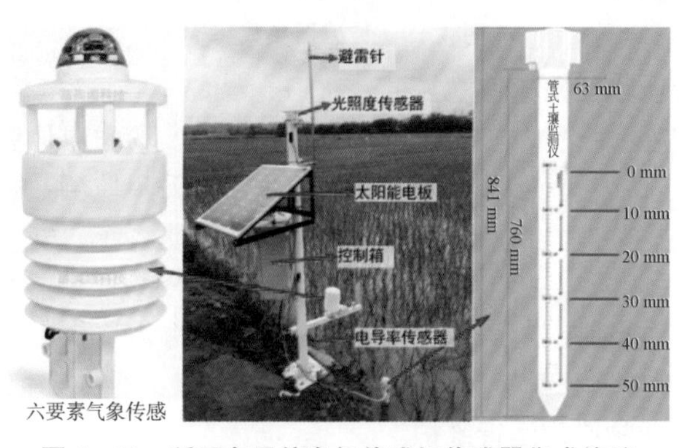

图 4－11 稻田多元信息智能感知传感器集成终端

采集和有效积累农业大数据资源 5 TB 以上，为水稻种植物联网建设奠定了技术基础。

第二节　智能温室应用技术

利用智能温室生产蔬菜、花卉、小浆果已具有成熟的技术体系，以色列、荷兰、日本等国已广泛应用于都市农业生产实践，为我国都市农业发展提供了丰富经验。

一、智能温室概述

（一）设施农业的发展历程

农业生产历来有着“靠天吃饭”的困境，露地生产必须面对各种气象灾害和病、虫、杂草危害，农产品供应也出现明显的淡季、旺季，大部分鲜活农产品只在采收期有很短时间的产品应市，从而提出设施农业的命题，进而实现反季节栽培和周年生产。

最早的设施农业采用风障、草帘、地窖等减缓低温冻害的影响，20 世纪中叶开始大力推广地膜覆盖、小拱棚、塑料大棚和玻璃温室，利用温室效应原理，形成作物生产的小环境，奠定了反季节栽培的技术基础。智能温室是在塑料大棚和玻璃温室的基础上，利用现代信息技术和现代工业装备技术而建造的设施农业体系（图 4 - 12）。

图 4 - 12　智能温室示例

（二）智能温室的主要组分

1. 围护结构

智能温室所占用的土地属于农用地中的设施农业用地，享受农用地的相关政策支持。智能温室的围护结构包括地基、骨架、围护体，地基可采用砖混墙体或混凝土浇筑，应建成高出内平面 30～80 cm 的裙墙，骨架采用不锈钢管材或铝型材，围护体一般使用PC阳光板、玻璃或透明塑料。围护材料应具有高透光性和一定的保温能力，以提高智能温室的聚热效应。

2. 智能感知设备

智能温室至少应配备以下智能感知设备：视频监视器实时监测现场状态及农事作业情况，空气温度传感器实时监测气温，大气相对湿度传感器实时监测空气湿度，二氧化碳传感器实时监测室内二氧化碳浓度，光照度传感器实时监测光照强度，土壤传感器实时监测土壤温度、含水量、电导率或盐分的动态变化。

3. 环境调控设备

为了给农作物创造最适宜的生长发育环境条件，智能温室应配备相应的环境调控设备。如遮阳网主要用于夏季高温和光照过强时覆盖顶部，风机、湿帘用于降低空气温度，二氧化碳钢瓶用于补充温室内二氧化碳，补光灯在光照不足时补充光照。

4. 作物生产系统

水肥一体化技术已日趋成熟，智能温室使用水肥一体化技术能够有效提高水肥利用效率和劳动生产率，采用基质栽培时可使用水肥一体化滴灌系统，托盘水培可采用水肥一体化循环高效利用系统，气雾栽培采用水肥一体化液雾化技术以保证根部能够充分吸收水分和养分（图4-13）。

图4-13 水培蔬菜（左）、雾培马铃薯（中、右）示例

二、智能温室物联网

智能温室物联网工程是技术比较成熟的农业物联网。在温室内恰当位置布设视频监视器和各种农业传感器，实时采集温室内气象因子、土壤因子、水分因子等指标数据，数据通过节点和网关传送到控制中心，依托控制中心服务器内的专家系统对数据进行整理、分析、建模和决策，为用户提供实时监测功能、数据导出功能，并实时监测动态变化，同时提供远程控制功能供用户遥控调度。控制中心服务器内的专家系统可以根据传感器的实时监测数据决定自动控制方案，指挥环境调控设备工作，如缺水时自动启动灌溉设备；温室内二氧化碳浓度过低时及时补充二氧化碳，温度过高时启动通风设备；光照强度过大时覆盖遮阳网，光照强度过小时开启补光设备，从而实现智能温室的自动化管理（图 4－14）。

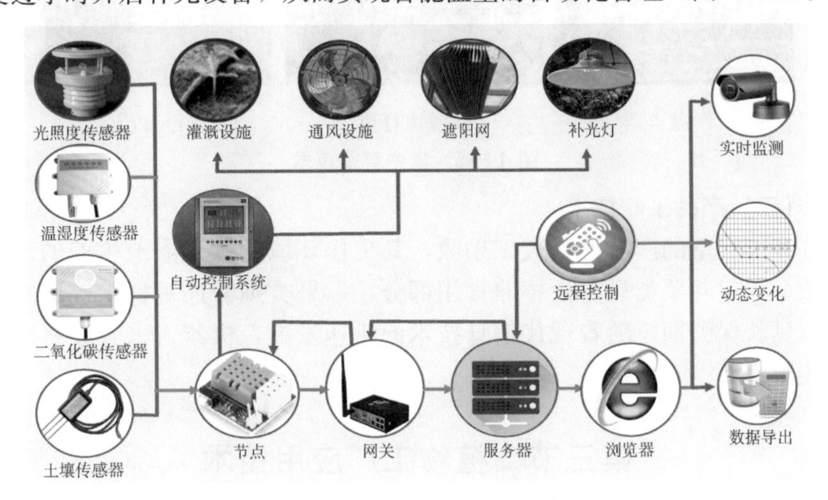

图 4－14　智能温室物联网

三、智能温室生产技术

（一）集中育苗技术

目前，智能温室主要是都市农业领域的蔬菜、花卉、小浆果生产，由于幼苗期个体小，对光照、温度等环境因子反应敏感，一般需要集中育苗，以提高智能温室的利用率。一般来说，包衣种子不需要浸种催芽，可以直接播种；裸种子建议浸种催芽后播种，能提高成苗率。可以使用育苗基质穴盘育苗，也可以使用育苗基质块培育壮苗，还可以使用泡沫板漂浮育苗（图 4－15）。集中育苗需要严格控制温度、湿度和二氧化碳浓度等环境因子，由于种子自带营养物质，育苗期施肥不宜过多。

（二）生产管理技术

智能温室的生产管理技术根据栽培方式不同而异，基质栽培由于自带较多的营养土，采用水肥一体化技术时主要考虑氮、磷、钾等常量营养元素的补充；水培、雾培由于没有营养土，水肥一体化的营养液配方必须选用适合不同农作物的专用配方。

穴盘育苗　　基质块育苗　　漂浮育苗

图 4-15　集中育苗技术

（三）产品采收技术

智能温室的产品可以人工采收，其工作环境远优于露地生产的产品采收。一般叶菜类只需去掉非食用部分，瓜果类则需连短柄采收成熟瓜果以延长保鲜期。随着现代信息技术的迅速发展，机器人采收必将进入智能温室。

第三节　植物工厂应用技术

智能化植物工厂是一种高精度、自动化控制，能够实现周年高效生产的智慧农业系统。从长远来说，智能化植物工厂具有广阔的发展前景，能够从根本上改变人类“靠天吃饭”的现实困境。

一、植物工厂应用前景

（一）都市农业与垂直农场

随着城市化进程的不断推进，城镇居民的生活保障给农业生态系统带来巨大压力，城市鲜活农产品供给困境重重，有农产品保鲜期短、腐烂率高、残渣屑多、物流成本高等问题，因此以鲜活农产品生产为主的都市农业应运而生。但是，都市圈地租高、建筑成本高，必然要求都市农业以高投入、高产出来面对市场竞争，垂直农场充分适应了这一需求。垂直农场是一种利用人工光源的新型室内多层种植方式（图 4-16），大幅度提高了时间、空间、投入品的利用率和利用效率。垂直农场生产的叶菜类具有生长快、成本低、安全性好、周年供应、净菜应市、农超对接等优点，是植物工厂的现实应用热点。

图 4-16　垂直农场景观示例

（二）作物育种加速器

农作物育种工作者不断为农业生产提供新品种，使新品种成为农业发展的重要动力。但是，农作物育种周期长、不可控因素多、工作环境恶劣、观察记载和性状鉴定依赖经验且存在主观差异。面对这一困境，近年推出了基于植物工厂的育种加速器。育种加速器由植物工厂系统集成、高通量植物表型平台（图 4-17）、基因编辑与分子育种三大部分构成，可缩减育种年限，改善育种工作环境，避免不可控环境因素的影响，还可利用大数据资源构建育种决策模型，大大提高育种工作效率。

图 4-17　高通量植物表型平台示例

（三）光伏供能的植物工厂

我国光伏产业快速发展（图 4-18），已形成完整的光伏产业体系，累计光伏并网装机容量超过 400 GW，2022 年光伏发电量为4 276 亿 kW・h。然而，目前西北部地区是光伏发电主战场，东南部地区是用电大户，虽有特高压输电技术，但仍存在电网调剂困难等现实问题而致资源浪费。

图 4-18 快速发展的中国光伏产业

我国西北部地区太阳辐射量高，空气洁净，光伏发电空间巨大。另一方面，西北部地区水资源紧张，土地荒漠化严重，耕地资源少，不利于发展农业生产。西北部地区发展光伏供能的植物工厂可实现光伏电能的本地利用，有效缓解光伏产能过剩问题，同时还可能开辟西部粮仓（图 4-19）。

图 4-19 植物工厂里的水稻

（四）太空植物工厂

中国航天技术迅速发展，已建成了中国空间站（图 4-20）。空间站试验人员需要长驻 3～6 个月，其间面对太空，存在诸多生活困境，没有绿色植物和伴生生命，没有地球上的氧气与二氧化碳交换机制，没有水循环，没有新鲜食物，废物处理也是大问题。目前空间站试验人员的饮水主要靠尿液回收净化来解决，太空植物工厂是缓解这些困境的有效途径。

图 4-20 中国空间站

北京航空航天大学推出了“月宫365计划”，即利用月宫一号（空间基地生命保障人工闭合生态系统地基综合实验装置）进行为期365天多人次高闭合度生物再生生命保障系统综合实验，月宫一号是太空植物工厂的地面试验基地（图4-21）。

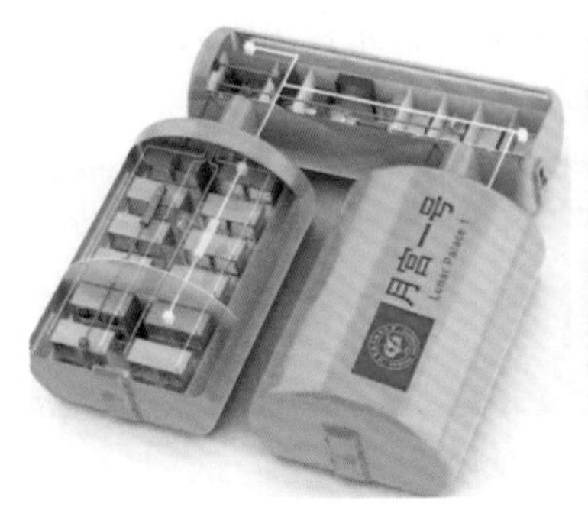

图4-21　月宫一号及其试验场景

二、植物工厂规划设计

植物工厂由人工光源系统、作物生产系统、智能控制系统、环境调控系统、智能感知系统、围护结构等部分构成（图4-22）。规模化植物工厂可以分别建设育苗车间和生产车间。

图4-22　植物工厂的总体框架

（一）人工光源系统

光环境是植物生长发育不可缺少的重要物理环境，植物的光合作用必须具备光照条件，不同植物还存在光补偿现象、光饱和现象和光周期反应。植物工厂的人工光源系统一般采用 LED 量子板植物灯（图 4－23），与太阳光相比，量子板植物灯舍弃了对植物光合作用无效或低效的光谱部分，因此能形成更高的光合生产力。

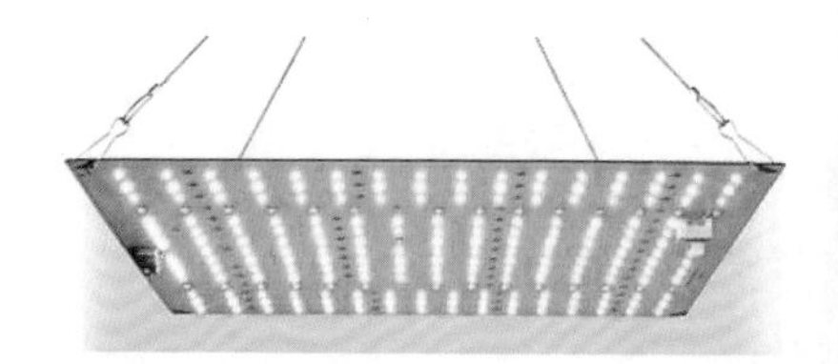

图 4－23　量子板植物灯

多层种植的垂直农场可将灯具组固定在每层顶部，距离冠层 30～50 cm；单层种植的植物工厂可将灯具组固定在顶部或定制专用升降装置，随作物株高增长升降灯具（图 4－24）；通体式生产车间可以在定制顶高的前提下，将灯具安装在顶部。

图 4－24　灯具安装方法示例

（二）作物生产系统

种植载体可采用多层种植架、单层种植厢，通体式生产车间也可直接地面种植。按种植方式不同，采用不同的养分供给方式，基质栽培采用水肥一体化滴灌系统，水培采用水肥一体化循环系统，雾培采用水肥一体化雾化技术系统。

（三）智能感知系统

（1）车间环境智能监测。采用视频监视器全程监测植物工厂内部状态，并实现远程监控以及时发现异常情况。

（2）车间环境智能感知。主要通过温度传感器、湿度传感器、二氧化碳浓度检测控制一体机等实时监测植物工厂内的环境因子。

（3）种植环境智能感知。主要通过温度传感器、含水量传感器、电导率传感器、养分传感器、重金属传感器等，实时监测种植体环境因子的状态。

（四）环境调控系统

（1）温度调控设施。使用冷凝空调或利用通风口调节空气温度。

（2）湿度调控设施。使用除湿器去湿，使用工业加湿器增湿。

（3）二氧化碳调控设施。通过二氧化碳钢瓶补充植物工厂内的二氧化碳（图 4－25）。

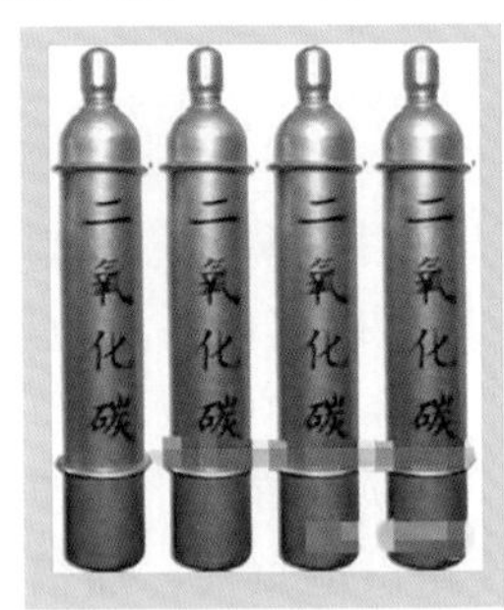

图 4－25　二氧化碳钢瓶（左）、植物工厂内二氧化碳检测控制体系实景（右）

（五）智能控制系统

植物工厂需要开发专用的智能控制系统，实现基于植物工厂物联网的自动控制（图 4－26）。智能控制系统一般包括以下内容：①数据处理。接收智能感知系统实时监测所取得的大数据资源，实现数据汇聚，并在此基础上进行智能分析、智能预警、智能决策和智能控制。②状态报告。一般每隔 10 分钟更新数据，实时报告车间环境参数、种植体环境因子状态等智能感知数据。③自动配置。包括通用控制、光源控制等环境调控指标的设置。通用控制指通风口开启/关闭、加热器开启/关闭等功能，光源控制包括光照强度设置、给光时间设置、光谱组成设置等。④自动控制。开发专用软件，实现植物工厂的环境调控设施、作业机械等的自动控制。

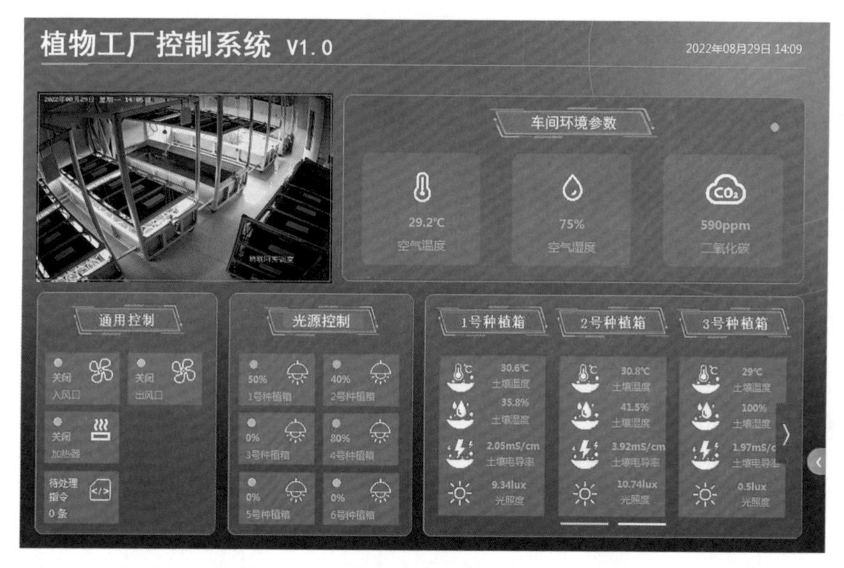

图 4-26 植物工厂控制系统主界面示例

（六）围护结构

植物工厂可使用砖混建筑、钢混建筑，也可以使用彩钢夹芯板制作的活动板房。砖混建筑和钢混建筑需要内包彩钢夹芯板以实现保温隔热、防潮防霉、阻燃隔音。植物工厂不需要安装窗户，但需要预留入风口和出风口，以便安装通风通道。为了便于生产管理，必须预留进水通道和排水通道。供电线路应暗式布线，预留插座，解放路供电负荷。通信线路也应暗式布线，预留接口。

三、植物工厂创新空间

植物工厂的研究尚处于起步阶段，需要农业科技工作者解决关键科学问题，攻克主要关键技术，方可推广应用。

（一）需解决的关键科学问题

（1）植物工厂环境下农作物生长发育规律。与露地生产相比较，农作物在植物工厂环境下表现出不同的生长发育规律（图 4-27）。为此，必须研究各种农作物在植物工厂环境下的生长发育规律，阐明植物工厂环境下的生育进程、产量形成与产量构成因素、品质特征与品质形成机制等。

图 4－27　植物工厂内的花生和棉花

（2）植物工厂环境下农作物生态因子作用规律。研究各种农作物对光照、温度、水分和二氧化碳等主要生态因子的最适范围及光周期诱导策略，阐明植物工厂环境下的生态因子作用规律。

（3）植物工厂环境下农作物的表型特征与生理特性。研究作物活体成像、光谱特征、生长指标、生理指标等大数据资源，探明植物工厂环境下农作物的表型特征与生理特性。

（二）需攻克的关键核心技术

（1）高光效低能耗给光方案。研究农作物对光照强度、给光时间（基于生物钟的给光节律和打破生物钟的给光节律设计）、光谱组成（红蓝光、组合性白光、白光强化红光或蓝光、远红光的搭配等）等光照适应性机制，集成创新高光效低能耗给光方案（图 4－28）。

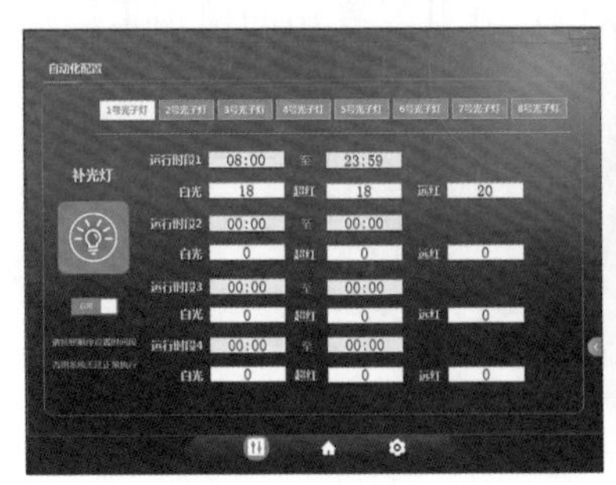

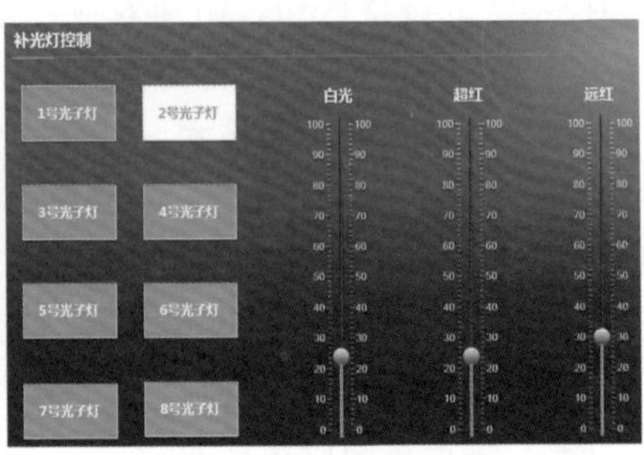

图 4－28　人工光源自动设置界面和手动调节界面示例

（2）循环高效利用养分供给方案。研究植物工厂环境下农作物培育方式、养分需求特征、养分供给模式等，集成创新最优养分供给方案。

（3）环境控制参数与自动控制技术。研究适宜农作物生长的空气温度、相对湿度、二氧化碳浓度等车间环境控制参数，研发基于车间环境控制参数的自动化控制技术，以及环境参数一致性控制技术（图4-29）。

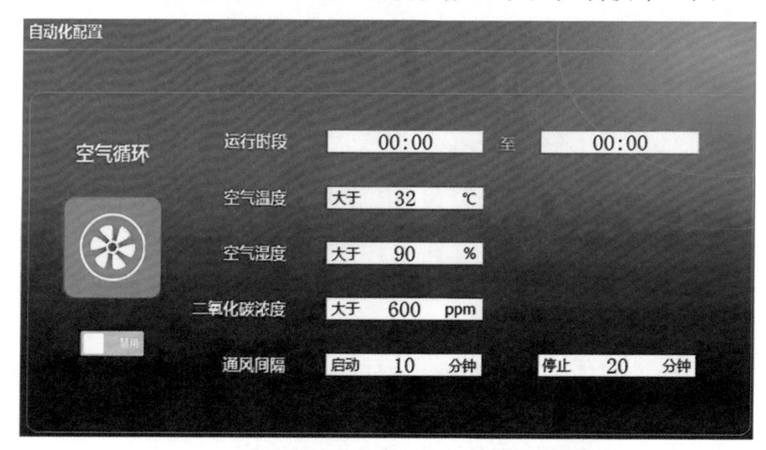

图4-29 植物工厂内车间环境控制界面示例

（4）自动作业设备及其自动控制技术。智能化植物工厂必须大幅度提高机械化作业水平，减少活劳动消耗，提高自动化作业水平，研发配套的自动作业设备及机械化设备的自动控制技术。

四、植物工厂生产技术

（一）日常管理与自动控制

利用植物工厂的人工光源系统、智能感知系统、作物生产系统、环境调控系统的设备设施，组建农业物联网，并开发专用的植物工厂控制系统，以实现植物工厂的自动化管理（图4-30）。

（二）育苗车间应用技术

育苗车间的温度控制为25 ℃～28 ℃，空气相对湿度控制为70%～80%，二氧化碳浓度控制为450～550 mg/L，人工光源的光量子通量密度控制为300～600 μmol/(m^2·s)，光谱组成应采用全光谱强化蓝光，其他生产技术与智能温室类似。

（三）生产车间应用技术

生产车间的温度控制为28 ℃～32 ℃，空气相对湿度控制为60%～80%，二氧化碳浓度控制为450～550 mg/L，人工光源的光量子通量密度度控制为 600～1 000 μmol/(m^2 · s)，光谱组成应采用全光谱强化红光，具体光谱组成依作物种类而异，其他生产技术与智能温室类似。

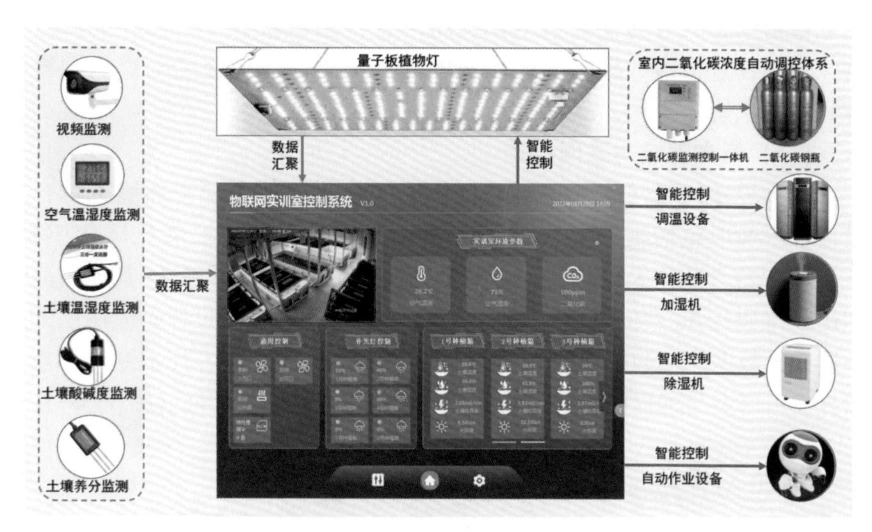

图 4-30　植物工厂物联网示例

第四节　智慧养殖应用技术

一、畜禽养殖

（一）畜禽智慧养殖关键技术

（1）养殖环境监控。畜禽养殖栏舍和养殖场内的环境状况，直接影响畜禽生长发育和繁殖，对养殖环境的光照、二氧化碳、氨气、硫化氢等实施全程实时监测，构成养殖环境监控技术体系。

（2）动物行为监控。畜禽动物每日的饮食次数、饮水次数、排泄次数、运动量等反映了动物的生长状态、健康与否等多种信息，了解这些信息对于畜禽动物的健康养殖具有重要意义。

（3）精准饲喂控制。精细饲喂智能决策系统应根据畜禽在各养殖阶段的营养需求，建立不同养殖品种的生长阶段与投喂率、投喂量间定量关系模型，解决喂什么、喂多少、喂几次等精细喂养问题。

（4）繁殖与生育管理。以动物繁育知识为基础，利用传感器、RFID、多媒体等智能感知技术对公畜和母畜的发情进行监测与识别，同时对配种和育种环境进行监控，为动物繁殖提供最适宜的环境。

(5) 疾病检测与预警。利用传感器获取畜禽生理数据，利用摄像头获取畜禽动物的行为视频数据，利用声音传感器获取畜禽动物的声音数据，对动物进行多数据来源、多角度的疾病检测，构建动物疾病预警系统和诊疗系统。

(二) 畜禽养殖物联网设计

畜禽养殖物联网的感知层，必须根据养殖品种和现实环境进行合理设计，一般应包括视频监视器、空气温湿度传感器、二氧化碳传感器、氨气传感器、硫化氢传感器，畜禽个体使用 RFID 电子标签，其他物品可使用二维码标识。传输层可以按照常规农业物联网技术设计。应用层的服务器或云数据库应包括各种数据信息、知识库、模型库，技术专家可现场指导也可以参与远程诊断，用户终端与常规农业物联网类似（图 4-31)。

图 4-31 畜禽养殖物联网

畜禽养殖物联网的主控平台实时汇聚智能感知数据，通过智能分析把握实际状态，智能预警发现问题，智能决策提出解决方案，智能控制系统则采取措施解决问题（图 4-32)。

(三) 养殖环境监控系统

(1) 养殖环境监控技术。是指在养殖栏舍和养殖场内部署各类环境监测传感器，大量的传感器节点构成监控网络，通过各种传感器采集养殖场所的温度、湿度、氨气、硫化氢等环境因子，并结合季节、养殖品种及其生理特点等，对养殖环境因子进行智能监测、智能分析、智能预警、智能决策和智能控制。在这里，智能监测是采集数据，智能分析是

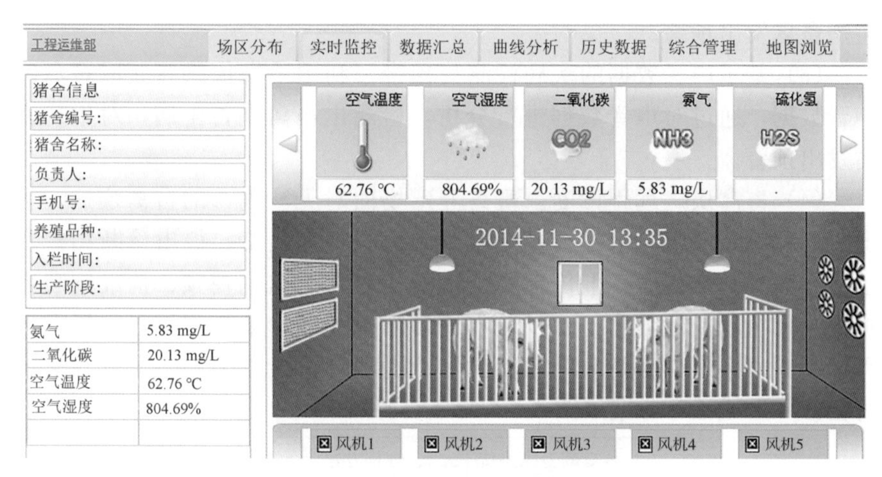

图 4－32　生猪养殖管理系统示例

把握动态，智能预警是及时发现问题，智能决策是提出解决方案，智能控制则是利用自动控制系统和环境调控设备设施及时改善环境状态。

（2）动物行为监控技术。是指在养殖栏舍和养殖场内安装多媒体摄像头，采用摄像头录制畜禽动物的行为视频并传输到服务器上，实现视频实时显示和选择性回放，及时发现异常行为，有效监控发情状态，及时发出异常警报。

（四）精准喂养管理系统

由于畜禽养殖涉及种类较多，此处以生猪为例进行介绍。精准饲喂技术是指根据养殖场的生产状况，建立以养殖品种、生产特点、生理阶段、日粮结构、气候、温湿度、有害气体等因素为变量的营养需要量自动匹配数字模型，进行生猪饲养过程的数字化模拟和生产试验验证，以不同环境因素为变量，模拟生猪的生产性能和生理指标的变化，从而达到数字化精细喂养。养猪产业涉及生猪的不同生理阶段，应分别设计妊娠母猪精准饲喂系统、哺乳母猪精准饲喂系统、仔猪精准饲喂系统、肥育猪精准饲喂系统。

（五）疾病诊疗预警系统

（1）基于生理数据的疾病检测与预警。利用侵入式传感器获取畜禽的生理数据，通过与畜禽疾病知识库中的生理数据进行比对，检测出畜禽是否生病，对生病畜禽发出预警。

（2）基于视频数据的疾病检测与预警。利用摄像头采集畜禽的行为视频数据，通过对畜禽的行为视频进行分析，检测出畜禽是否生病，对生病畜禽发出预警。

(3) 基于声音数据的疾病检测与预警。利用声音传感器获取畜禽的声音数据，通过对声音数据进行分析，检测出畜禽是否生病，对生病畜禽发出预警。

(4) 畜禽疾病远程诊断。畜禽养殖场面对无法确诊的畜禽疾病，可通过远程诊断系统，依托行业专家开展远程专家会诊，得出诊断结论和治疗方案。基本程序：上传患病个体的实时状态监测视频、精准饲喂数据记录、生理指标监测记录以及本地诊断单元的诊断过程记录，提交远程诊断专家系统得出初步结论，再提请远程专家会诊中心的行业专家进行会诊并形成治疗方案（图 4－33）。

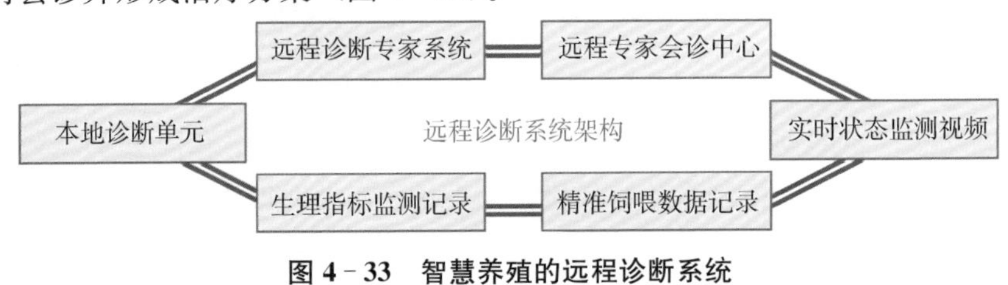

图 4－33 智慧养殖的远程诊断系统

二、水产养殖

智慧养殖水生动物需要建设水产养殖物联网，面向水产养殖领域的应用需求，通过集成水产养殖需要的智能感知设备形成感知层，利用网络技术构建传输层，形成水产养殖物联网应用层，为智慧养殖水生动物提供智能解决方案（图 4－34）。

图 4－34 水产养殖物联网

水产养殖物联网的主控平台为用户提供操作界面（图 4－35）。

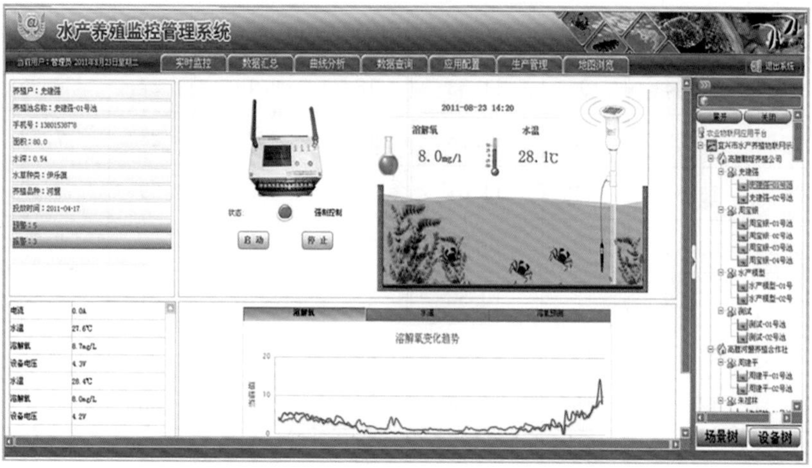

图 4－35　水产养殖监控管理系统示例

（一）水体环境智能监测

使用溶解氧、pH 值、电导率、温度、氨氮、水位、叶绿素等传感器，实时监测养殖水体环境指标。水质传感器多为电化学传感器，其输出受温度、水质、压力、流速等因素影响。智能水质传感器具有自识别、自标定、自校正、自动补偿功能，自动采集数据并对数据进行预处理功能，以及双向通信、标准化数字输出功能，是水质监测传感器的发展方向。

（二）水体环境调控

水体中的溶解氧含量是水产养殖的重要环境因子。水体的溶解氧来自两个方面，一是大气中的氧溶解于水中，二是水生植物和浮游植物的光合作用释放氧分子并溶解于水中。另一方面，水中溶解氧的消耗包括动物呼吸和有机残屑分解过程，从而使水体溶解氧发生动态变化。水中的饱和溶解氧含量取决于温度（表 4－1），实际水体的溶解氧含量取决于水体中的生命活动，包括植物的光合作用、动物呼吸作用和微生物的分解作用，往往低于饱和溶解氧含量。当水中溶解氧低于 5 mg/L 时，多数鱼类发生呼吸困难甚至死亡，这就是夏季容易出现“泛塘”的原因。

表 4-1 不同温度条件下水中的饱和溶解氧含量

T/℃	DO/(mg/L)	T/℃	DO/(mg/L)	T/℃	DO/(mg/L)	T/℃	DO/(mg/L)
0	14.64	9	11.53	18	9.46	27	7.96
1	14.22	10	11.26	19	9.27	28	7.82
2	13.82	11	11.01	20	9.08	29	7.69
3	13.44	12	10.77	21	8.90	30	7.56
4	13.09	13	10.53	22	8.73	31	7.43
5	12.74	14	10.30	23	8.57	32	7.30
6	12.42	15	10.08	24	8.41	33	7.18
7	12.11	16	9.86	25	8.25	34	7.07
8	11.81	17	9.66	26	8.11	35	6.95

智慧水产养殖必须配备增氧控制系统。无线溶解氧控制器是实现增氧控制的关键部分，它可以驱动多种增氧设备（图 4-36）。无线测控终端可以根据需要配置成无线数据采集节点及无线控制节点。无线数据采集节点连接溶解氧传感器，无线数据节点将数据传送到监控中心，监控中心分析数据后，若发现水中溶解氧偏低，则给无线控制节点发出指令，无线控制节点现场控制电控箱，电控箱的输出可以用来控制 10 kW 以下的各类增氧机工作，实现溶解氧的自动控制。

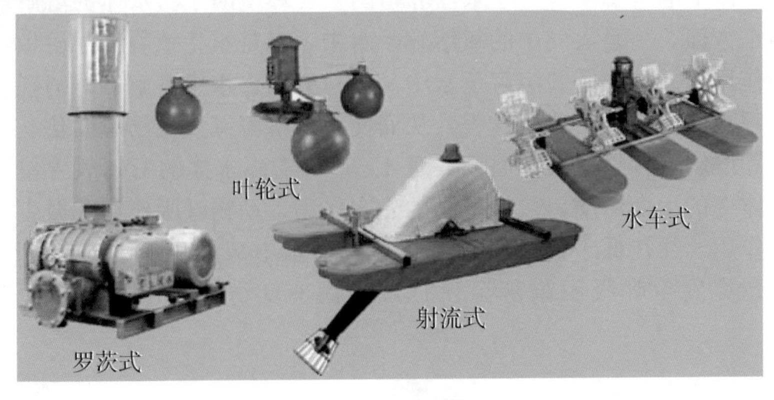

图 4-36 各类增氧机

（三）精细喂养管理

精细喂养决策是根据各养殖品种长度与重量关系，通过分析光照度、水温、溶解氧含量、浊度、氨氮、养殖密度等因素与鱼饵料营养成分的吸收能力、摄取量的关系，建立养殖品种的生长阶段与投喂率、投喂量间的定量关系模型，实现按需投喂，提高饵料利用率，节约成本。

（四）疾病预警与诊疗

（1）疾病预警系统。疾病预警系统分为水环境预警模块、水环境趋势预警模块、非水环境预警模块、症状预警模块四个部分，水环境预警模块是对当前水质的评价预警，水环境趋势预警模块是对未来水质预测后的评价预警，非水环境预警模块通过对饵料质量、鱼体损伤等因素的评价来确定当前的警级大小和预警预案，症状预警模块包括疾病诊断和疾病预警两部分。

（2）疾病诊断专家系统。由用户界面、案例维护模块、数值诊断知识维护模块和诊断推理模块四部分组成。其中，用户界面提供人机交互和诊断、治疗、预防结果显示等功能；案例维护和数值诊断知识维护是系统后台的知识库管理模块，这两部分是由系统管理员和行业专家根据实际得到的案例、案例诊断过程数据进行模型库、数据库和知识库操作；诊断推理模块是根据水产养殖用户界面输入某品种的疾病症状信息，通过案例诊断和数值诊断，对疾病进行综合推理并得出结论，最后将诊断结果返回给用户。

（3）基于机器视觉的疾病诊断系统。基于视觉的鱼类疾病检测一般包括以下六个步骤。①图像获取：采集健康和患病鱼体图像。②图像预处理：去除噪声和干扰，消除几何畸变，应用滤波器对图像进行归一化处理和各种形态学运算。③图像分割：在鱼图像上应用了各种边缘检测技术，以增强图像并保留有用信息，同时删除数据或图像的无用信息。④特征提取：针对 ROI（感兴趣区域）应用多种特征提取方法。⑤图像分类：对鱼体图像进行分类。⑥图像评估和准确性鉴定：明确图像应用价值。

第五节　农产品溯源技术

2006 年的苏丹红鸭蛋事件、2008 年的三聚氰胺奶粉事件、2010 年的地沟油事件及 2011 年的瘦肉精事件等为食品安全事故敲响了警钟。品牌农业战略呼唤打击假冒伪劣的长效社会机制，催生了当代农产品溯源技术的迅速发展。

一、追溯技术相关知识

溯源技术源于工业领域的产品跟踪，其核心技术是对单件产品进行唯一性标识，是一种对产品进行正向、逆向或不定向追踪的生产过程或产品质量控制系统（图 4－37）。它可以让你追溯到产品的以下信息：一是哪个零件被安装于哪件成品中了，实现零配件与产成品的精准对接和可溯源；二是生产过程中产生了哪些需要控制的关键参数，是否都合格；三是产品出厂后通过哪些环节并最终在何处消费，若发现问题可以及时召回。追溯系统按照商品生产的工艺流程进行顺序记录，明确记录各环节的数据指标和技术参数，并将全部信息统一记录在随产品移动的信息卡上，实现假冒伪劣辨识、生产过程防错、故障原因查验等溯源功能。

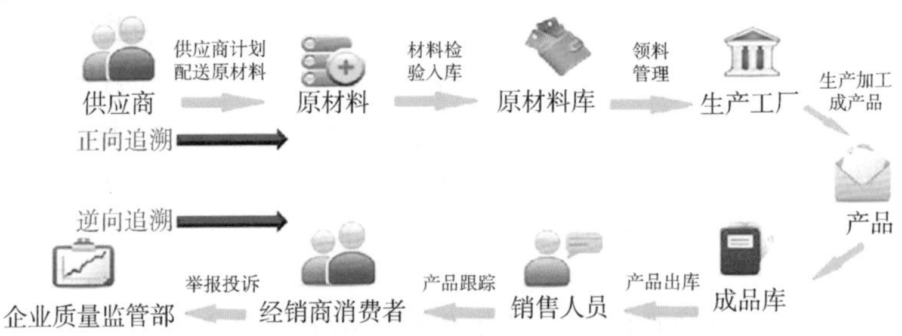

图 4－37 追溯系统的技术原理

商品生产的每道工序操作记录和技术指标都必须有准确记录，从而产生了生产工序追溯的管理需求，也奠定了追溯系统的技术思路（图 4－38）。早期的生产工序追溯系统，按照供应商提供原材料、第一道工序、第二道工序……第 n 道工序，再到产成品，将全过程的相关信息记录到条形码或电子标签中，终端消费者可以从条形码中读取相关信息，生产企业也可以根据条形码中记录的信息进行生产过程追溯。农产品加工企业可以按照这种流程实现生产者追溯，实现假冒伪劣辨识、生产过程防错、质量问题责任环节等溯源功能。

商品流通过程中，需要经历很多环节，从原材料供应商到生产加工企业，再到一级批发商、二级批发商，等等；最后通过零售商销售给终端消费者，在这一过程中，无论哪个环节出了问题，都会落实到消费者

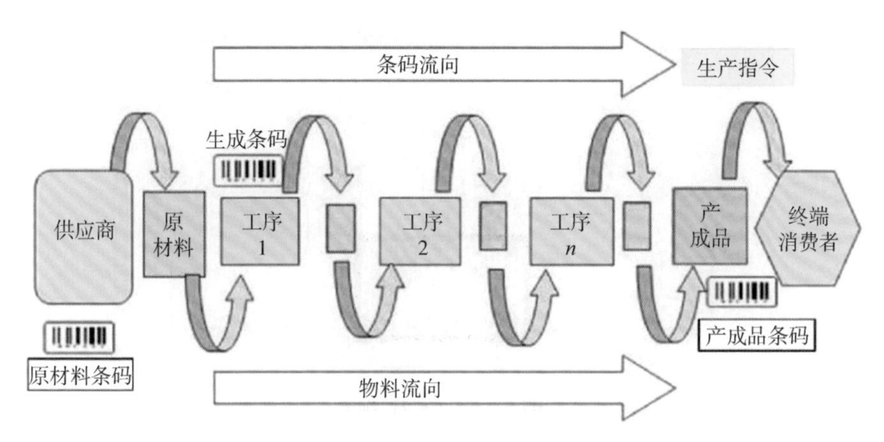

图 4-38　生产工序追溯

身上，为此，每个环节都必须有详细记录，这就是供应链过程追溯（图 4-39）。在供应链的每一个环节，从进货开始登记序列号，加工装配和包装过程追加数据，产品检验追加数据，最后形成本环节的溯源数据汇总并记录在登录序列号下，形成产品的唯一身份码信息。条形码、二维码或 RFID 电子标签就是记录产品唯一身份码的介质或支柱支持。

图 4-39　供应链过程追溯

全程追溯包括原材料追溯、本地追溯和售后追溯，实际上就是生产工序追溯+供应链过程追溯，这是商品生产领域对维护消费者权益的最大贡献。供应商所提供的原材料包含了前续生产工序追溯和供应链过程追溯的相关信息，进入本企业生产流程后，实时追加生产、加工、包装、入仓、出仓、物流过程、经销商等相关信息，随产成品到消费者手中的唯一身份码记录了全部相关信息，保证溯源渠道畅通、过程清晰、数据可靠、责任明确（图 4-40）。

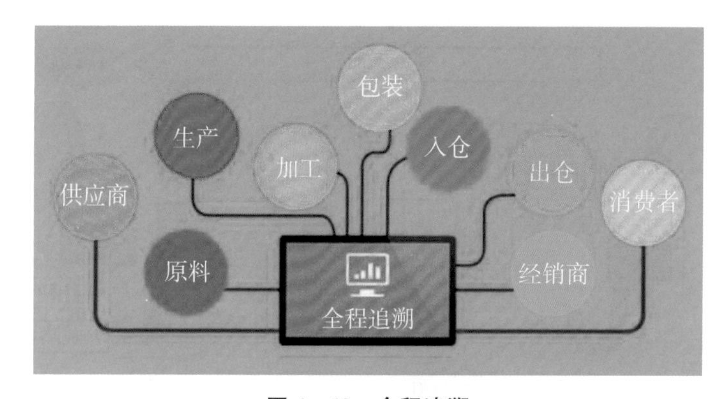

图 4-40 全程追溯

注：全程追溯＝生产工序追溯＋供应链过程追溯。

二、农产品溯源技术体系

不管是利用二维条形码，还是无线射频识别技术，全程追溯都具有两大基本技术环节：第一，创建唯一身份码。根据批次、规格及其他特有信息，在生产的同时便为每一件商品生成一个可以被唯一识别的信息码，将信息码印制或附着在商品或商品包装上，使其成为商品能够唯一被识别的“身份证”。第二，全程跟踪，动态管理。在全部生产工序和流通过程中，全程跟进产品的电子标签，实时更新数据信息，实现全过程信息可追溯，为消费者溯源提供全部真实信息，为生产者追溯提供数据支撑和责任者证据支持。追溯系统充分利用电子标签技术和数字加密技术，使商品信息码具有唯一性、不可更改性和不可破解性，使假冒伪劣产品无处容身，能有效地保护企业的经济利益和企业形象，同时也能维护消费者权益。

农产品溯源的运行框架，可以概括为：一个中心，即云端数据中心；三大模块，指生产者、监管部门和消费者（图 4-41）。在这里，生产者模块是最复杂的，也是最重要的基础设施建设工程，利用生产者物联网体系实现对产地资源环境的实时监测，获取农业资源环境大数据，是农产品质量追溯的重点和关键；再加上生产过程的实时数据记录、生产经营单位的资质材料、产品检验检测相关材料和流通过程相关信息，形成了农产品质量追溯系统的大数据资源，必须依赖云服务来进行数据处理，也必须依赖云服务来实现长期积累数据的有效应用。

图 4－41　农产品溯源的运行框架

农产品溯源涉及一个庞大的技术体系：云计算与云服务是云端数据中心的支持平台；农产品生产、加工、流通和消费诸环节大数据资源必须利用大数据处理技术；二维码、RFID 电子标签是常用的标识技术；产地环境、生产过程必须依赖物联网技术实现数据采集；区块链技术的去中心化、信息不可篡改、开放性、匿名性、自治性为农产品溯源提供了独特的技术支撑；人工智能具有更广阔的应用空间。以物联网技术为例，实现农产品质量全程追溯，植物产品的产地环境物联网监测是最重要的基础数据资源，必须对产地环境进行实时监测，通过在田间布设传感器，采集气象因子、土壤因子、水分因子、生物因子等方面的实时状态数据，并通过物联网构建大数据采集平台，依托云计算进行大数据处理，为企业溯源、政府监管、用户查询和智慧农业奠定大数据资源基础。

植物产品追溯系统中，生产单位至少应提供生产档案和产品档案，其中生产档案包括地块信息、农户信息、投入品信息、生产信息，产品档案包括生产单位资质材料、质量检验检测报告、产品包装信息等，经销商则还应增加物流信息、仓储信息、分销信息等流通档案。若采用二维码追溯技术，应根据产品特征首先订制二维码并载入初始信息，包括品名、商标、执行标准等，同时依托追溯信息系统的物联网监测设施开展追溯信息采集和上载，采集和上载的追溯信息包括生产档案、产品档案、流通档案的相关信息，产品出厂前激活二维码，实现二维码与追溯信息系统的动态关联，消费者扫码后就可读取该件产品的全部追溯信息，实现追溯系统的企业溯源防窜货、用户扫码认品牌、政府监管保民生（图 4－42）。

动物产品追溯系统差异较大，肉、奶、蛋、鱼等产品的生产过程不同，追溯系统必须体现针对性和差异化。对于出售活体动物的养殖企业，可采用无线射频识别技术进行溯源；对于刚出生或新引进的动物幼体，

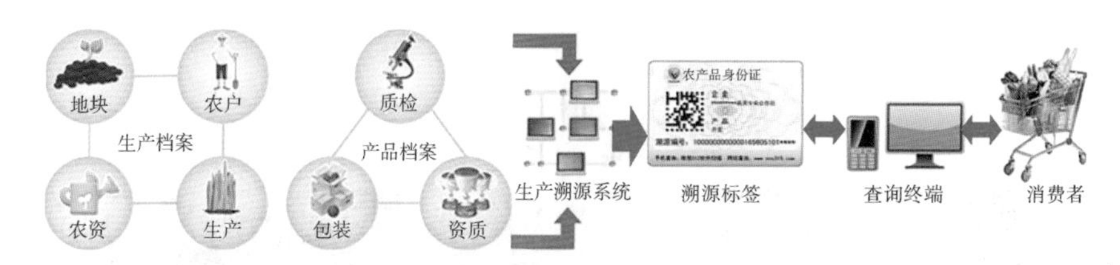

图 4-42 植物产品追溯系统

禽类可采用足环类 RFID 标签，牲畜可采用耳钉类 RFID 标签，鱼类、蛇类可采用扎带式 RFID 标签。将电子标签直接固定于动物体上，开始生产时进行 RFID 打码以记录来源信息和其他初始信息，在养殖过程中，每一环节均使用 RFID 读写器实时添加养殖过程数据，包括饲料、饲喂作业、卫生防疫、疾病治疗、动物检疫等信息，使用 RFID 读写器将全部信息写入电子标签，构成养殖阶段的追溯信息。进入加工企业以后，胴体继续使用养殖阶段的电子标签并添加屠宰信息，分割后使用新电子标签并载入胴体标签的内容及分割环节相关信息，在物流和分销过程中实时添加相关信息，最终到消费者扫码，可了解该动物产品的全部溯源信息（图 4-43）。

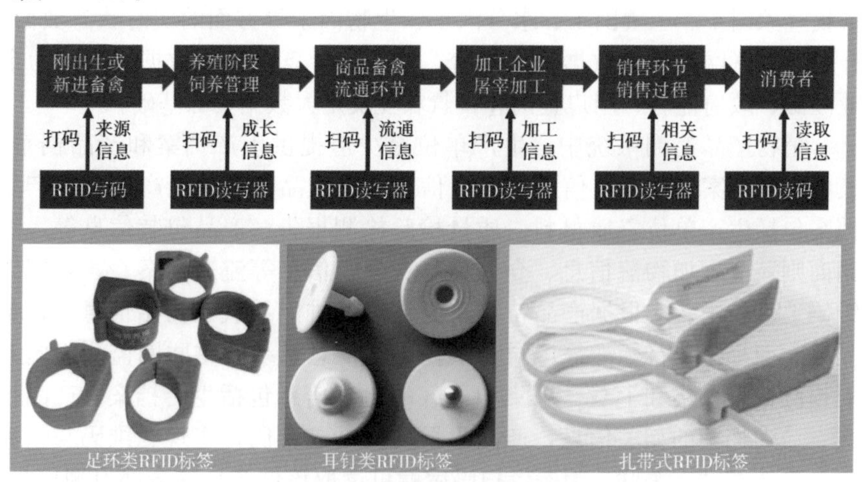

图 4-43 动物产品追溯系统

从农田到餐桌的全程追溯，实际上是指所有食用农产品都必须能够追溯到全部生产经营过程的相关信息（图 4-44）。前面已经讨论了植物产品追溯系统和动物产品追溯系统，植物产品和动物产品都可以进一步加工开发各类主食、副食、零食，所以广义的农产品质量安全，实际上就是食品安全的全部内涵。从农田到餐桌的全程追溯，始于植物产品，止于消费者享受舌尖上的快乐，包括种植、养殖、加工等生产环节，也包括仓储、物流、分销等流通环节，实现食品全过程追溯，必须全社会共同行动，确保舌尖上的安全。

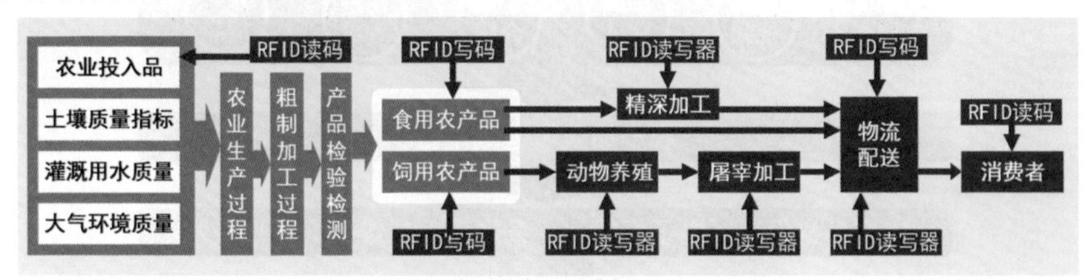

图 4-44　从农田到餐桌的全程追溯

三、追溯系统的数据采集

追溯系统中必不可少的数据，至少包括产品档案、生产档案、流通档案三大类信息。产品档案包括标签信息、资质信息、质检信息、包装信息等。标签是指食用农产品的商品标签所呈现的核心信息，包括品名、商标、执行标准、营养标签等；资质信息是指生产企业的营业执照和经营许可证等；质检信息主要指本批次产品执行出厂检验检测制度的相关材料；包装信息包括商品规格、包装材料、生产日期、保质期等。生产档案是溯源系统必须呈现的重要溯源信息。一是产地信息，包括生产单位地址，产地土壤、空气、灌溉水等的检验检测相关材料以及产地资源环境物联网实时监测资源。二是农业投入品信息，具体指农业生产过程中使用的化肥、农药、除草剂、生长调节剂、饲料、饵料、添加剂等的相关信息，包括生产厂家、主要质量指标等。三是农业生产过程信息，包括生产日志、农事作业环节或工艺流程、农业投入品实际使用情况等。四是农业生产经营者信息，指本件产品的实际生产者或生产经营单位，以及流通环节责任者的相关信息。农产品追溯系统的流通档案，包括仓储信息、物流信息、分销信息等内容。

四、农产品溯源技术应用

从农田到餐桌的全程追溯，是新时代农产品生产经营的总体要求，也是食品安全民生保障基础工程，全程追溯必须覆盖农产品生产、加工、流通、消费等全过程，每个环节都必须高度重视追溯系统的数据采集，切实保证追溯系统信息的全面性、准确性、可靠性（图 4-45）。

图 4-45 农产品质量全程追溯技术体系

第五章　智慧农业导向技术

目前世界各国都在积极开展智慧农业探索，形成了一系列的智慧农业导向技术，奠定了智慧农业探索实践的技术基础。

第一节　数字农业建设技术

一、数字农业建设目标

数字农业是利用现代信息技术对农业生物、农业资源环境和农业生产经营全过程进行数字化表达、可视化呈现、网络化管理的现代农业（图 5－1）。数字农业建设的核心任务是采集、传输、处理和应用农业数字信息，奠定精准农业实践和智慧农业探索的农业大数据资源基础。

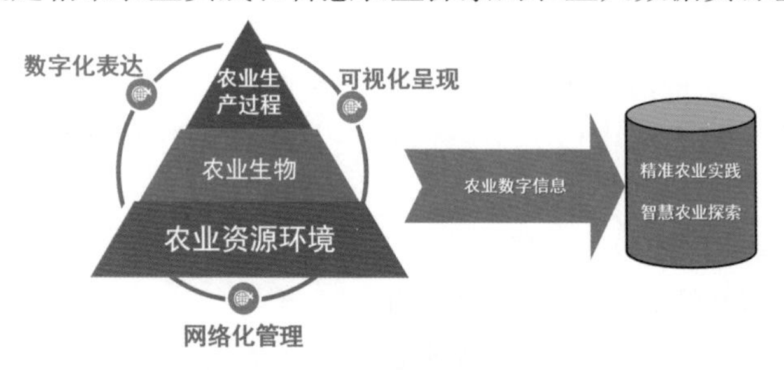

图 5－1　数字农业的本质内涵

数字化表达是利用农业物联网技术、农业遥感技术、地理信息技术等现代信息技术支撑，对农业资源环境、农业生物以及农业生产过程进行全程实时监测，采集农业大数据资源。数字化表达的核心是通过全程实时监测，采集农业大数据资源，使农业生产各环节、各组分，都以便于计算机识别和网络传输的数字信息方式表达，构建农业大数据资源库。

可视化呈现包括农业生物状态、农业生产现场、农业生产过程等视频监测，也包括各种传感器数据的图表化呈现，奠定远程监测和远程控制的资源基础。各种农业传感器的监测数据可以使用 K 线图等方式实现可视化呈现（图 5－2），视频监测信息采取现场视频呈现，遥感监测采用遥感图像呈现。

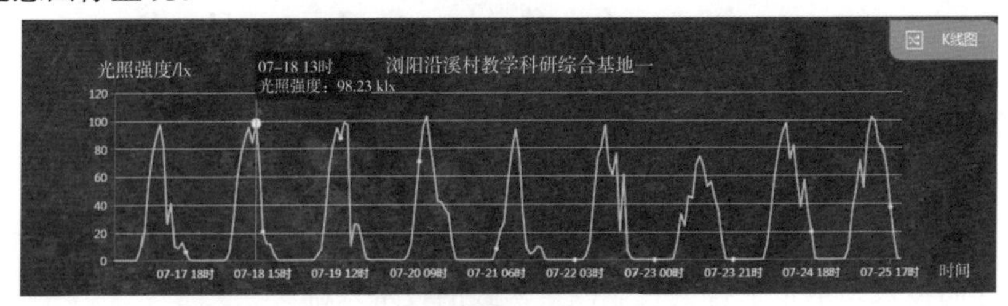

图 5－2　农业资源环境大数据可视化示例

网络化管理依托互联网、物联网、移动互联网、云服务和人工智能，实现农业大数据资源的高效传输，依托泛在网络，构建农业智能化决策和自动化控制的运行环境。

二、农业数字信息采集

农业数字信息是指各种形式的农业大数据，一是农业资源环境大数据，指利用传感技术实时监测气象因子、土壤因子、水分因子、生物因子所获取的农业大数据资源。如利用传感器采集田间光照强度、光合辐射等；二是生产经营大数据，包括基础设施监测信息、生产过程监测信息、农业经济运行情况监测信息、农产品市场监测信息等；三是农业生物大数据，包括内源本体类生物信息、生命活动类生物信息、表型特征类生物信息。

（一）智能感知数据采集

1. 基于物联网的农业大数据采集

在数字农业建设实践中，智能感知数据采集（图 5－3）主要是将各种农业传感器和视频监视器布设于生产现场或农业设施现场，并建成农业物联网，实现对农业资源环境、农业生产设施、农业生产过程和农业生物的大数据资源采集。气象传感器获取现场的气象数据，土壤传感器实时采集土壤指标，水体传感器实时采集水体环境因子数据，生理信息传感器采集农业植物或农业动物的生理指标，农机作业传感器获取农机作业的实时状态，视频监视器实时采集生产现场实景影像，无法直接联入物联网的设施、物品则依赖二维码、RFID、NFC 技术，通过电子标签接入物联网系统。

图 5－3　智能感知数据采集

2. 基于遥感监测的农业大数据采集

农业遥感监测技术具有一个广泛的应用领域，农作物生产中，包括土壤墒情遥感监测、作物种植面积监测、作物长势遥感监测、作物病虫草害遥感监测、作物产量遥感估测等；资源监测方面，包括土地资源、森林资源、渔业资源、草地资源遥感监测；在灾害监测方面，可以实现旱灾、洪涝、火灾、冻害等遥感监测（图 5－4）。通过遥感监测获取的遥感图像包含地物目标的地理信息和电磁波谱，通过智能化信息提取可获得具有特殊价值的大数据资源。

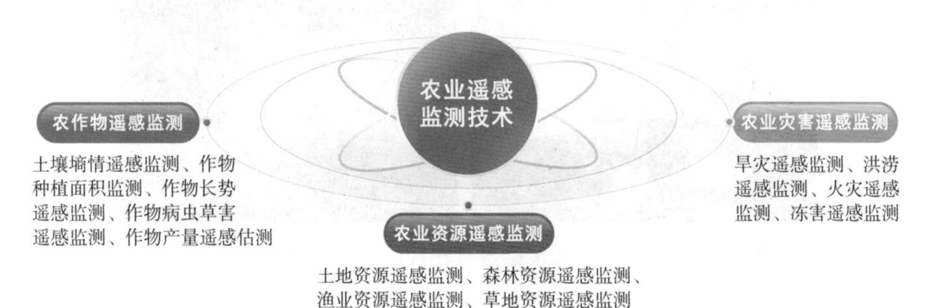

图 5－4　农业遥感监测技术应用

（二）农业生物大数据采集

1. 生理信息传感器应用

农业生物的生长发育状况，可以利用生理信息传感技术来进行实时监测。需要注意的是，生物传感器是利用酶、抗体、抗原、微生物、细胞、组织、核酸等生物活性物质研发的生物信息分析工具（图 5－5）。这里主要讨论生理信息传感技术，即实时监测农业生物的各种生理指标。生理信息传感器可独立实测生长指标，也可以接入物联网实时采集监测数据。

植物生长主要表现在茎粗变化、叶片大小、叶片厚度、果实大小等。

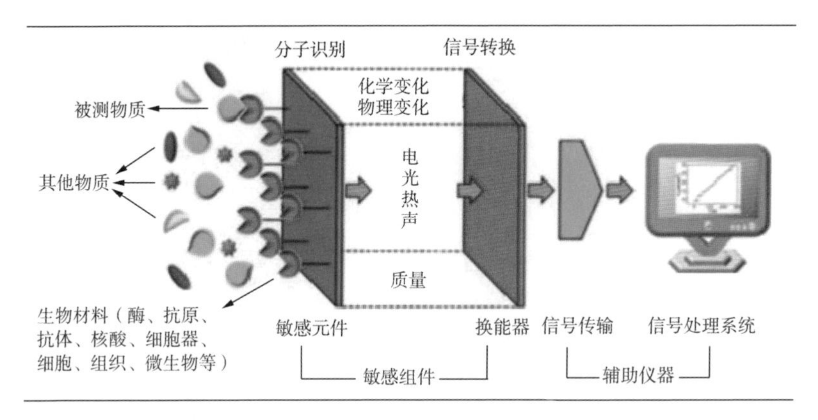

图 5-5 生物传感器

植物生理信息传感器主要用于监测植物生长发育情况（图 5-6）。现代医学迅速发展，多样化的人体生理信息传感器，为农业动物生理信息传感器研发提供了思路和支撑，脉搏、呼吸、血压等动物生理传感器已广泛应用于动物生理指标监测。

图 5-6 无线茎生长传感器（左）、果实膨大传感器（右）

2. 生理指标监测仪

农业生物生理指标（如叶绿素含量、叶面积指数等）可田间实测（图 5-7），也可将这些设备接入物联网，实现一体化传输。

3. 表型监测平台

获取农业大数据的途径很多，高通量植物表型平台可以实时采集植物生长发育过程中的三维 RGB 图像、叶绿素荧光、高光谱成像数据等表型监测大数据资源。

4. 生物信息

自然界经过漫长的演变，产生了生物，逐渐形成了复杂的生物世界。生物信息形形色色、千变万化，不同生物具有多样化的信息体系，包括

图 5－7　田间实测农作物生理指标

复杂的遗传信息、代谢信息和各种物理信息、化学信息、行为信息，在传统生物信息研究成果的基础上，现代生物信息学迅速发展，形成了基因组学、蛋白质组学、酶组学等分支学科，不断充实生物信息大数据资源库。

（三）农业面板数据采集

人类进入互联网时代，农业面板数据采集发生了革命性变化，依托互联网、移动互联网和云服务，有效地解决了传统数据上报体系的时效性困境。以农业经济运行情况监测预警工作平台为例，各省级行政区建设省级管理平台，县级行政区建设基点县工作平台，每个基点县在生产一线布设一定数量的信息采集点，这些基层采集点应是种养大户、家庭农场、农民专业合作社或农业企业，基层采集点使用智能手机或家用电脑实时上报各类生产经营项目的生产计划、实际产量、劳动用工、物资费用、销售情况、销售价格等，通过基点县审核以后上报平台，使国家、省（区）、市、县各级政府能够实时把握农业经济运行情况，为领导决策提供数据支撑，为农业生产经营者提供信息服务（图 5－8）。

三、数字农业运营实践

2017 年农业农村部印发《关于做好 2017 年数字农业建设试点项目前期工作的通知》，积极探索数字农业技术集成应用解决方案和产业化模式（图 5－9）：一是大田种植数字农业。重点建设北斗精准时空服务基础设施、生产过程管理系统、精细管理及公共服务系统。二是设施园艺数字

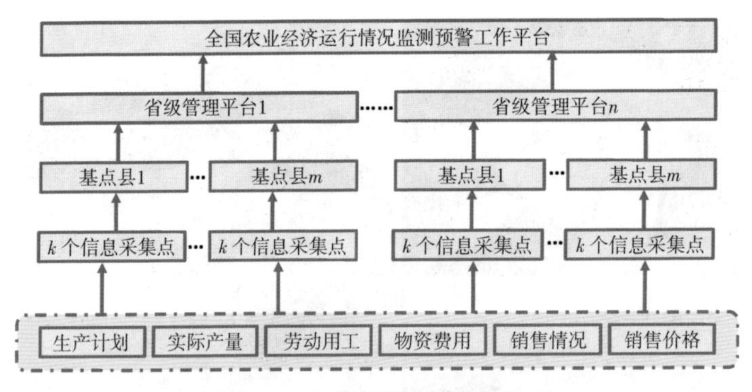

图 5-8 农业面板数据采集体系

农业。重点建设温室大棚环境监测控制系统、工厂化育苗系统、生产过程管理系统、产品质量安全监控系统、采后商品化处理系统。三是畜禽养殖数字农业。重点建设自动化精准环境控制系统、数字化精准饲喂管理系统、机械化自动产品收集系统、无害化粪污处理系统。四是水产养殖数字农业。重点建设在线监测系统、生产过程管理系统、综合管理保障系统、公共服务系统。

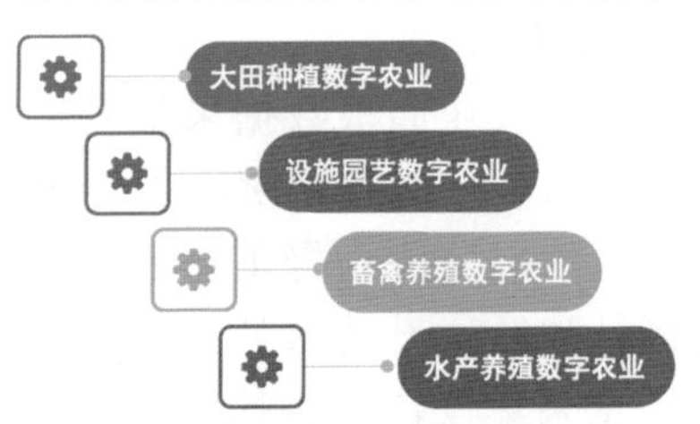

图 5-9 数字农业建设重要领域

数字农业建设侧重采集和积累农业大数据，为智能分析、智能预警、智能决策和智能控制提供大数据资源，为精准农业实践和智慧农业探索提供数据支撑。因此，数字农业的基本任务，就是广泛采集和定向积累农业大数据资源。在农业物联网建设方面，必须尽可能覆盖气象因子、土壤因子、水分因子和生物因子等，构建常年定位监测网点体系，实时定位、实时监测；在农业遥感方面，要加强光谱数据采集和光谱数据库建设，同时加强基于机器学习的农业专家系统研发。没有大数据资源的长年积累和实时监测，精准农业和智慧农业只能流于空谈。

数字农业设备设施需要常年稳定运行，但物理设备有一个使用寿命问题，必须及时更新；设备设施的异常损毁也在所难免，必须有专人维护保养。科学技术是不断发展的，电子设备发展更新速度很快，当前的新设备几年以后就可能落后了，必须考虑设备设施的更新换代。

目前，部分现代农业企业和地方政府积极开展农业大数据平台建设，不同的农业大数据平台虽说是各具特色，但由于缺乏统一的技术规范，采集和积累的农业大数据资源质量、覆盖度、应用情况和平台建设水平等差异很大。信息资源是一种战略资源，农业大数据平台建设应是政府主导、社会力量参与的现代农业基础设施建设工程。为此，建议由农业农村部组织建设全国农业大数据平台框架体系，制订翔实的技术规范，各省级行政区组织建设本省农业大数据平台，农业企业和地方政府建设的农业大数据平台接入到本省农业大数据平台，奠定智慧农业探索的农业大数据资源基础。

数字农业建设是一个庞大的系统工程，在做好农业基础设施建设的基础上，要同步建设农业物联网监测体系、农业遥感监测体系、农业面板数据资源采集系统等，实现对农业生产的微观监测数据和农业经济运行情况的宏观监测数据的系统采集和有效积累，奠定精准农业和智慧农业的数据资源基础。

数字农业是创新推动农业农村信息化发展的有效手段，也是我国由农业大国迈向农业强国的必经之路。在此进程中，紧跟国家政策，提升数字化生产力，才能跟上国家发展步伐，实现“乡村振兴，农业强国”。

第二节　精准农业实践技术

一、精准农业相关知识

农业 3.0 是正在探索的精准农业，重视资源节约和环境友好，关注农业投入品的使用效率和效益。针对过量使用化肥、农药等农业投入品和农业面源污染日益严重等问题，我国提出“一控两减三基本”（图 5-10）。这是精准农业实践的基本背景：科学使用农业投入品，实现资源节约、环境友好和农业资源高效利用。

精准农业是以现代信息技术为支撑，根据农业生产领域的空间变异和时间变异，定位、定时、定量地实施农事操作与管理的现代农业新形式。精准农业是在农业资源环境本底数字信息资源的基础上，根据农业生物生长发育需求，精量、准确使用农业投入品，精准实施农事作业，

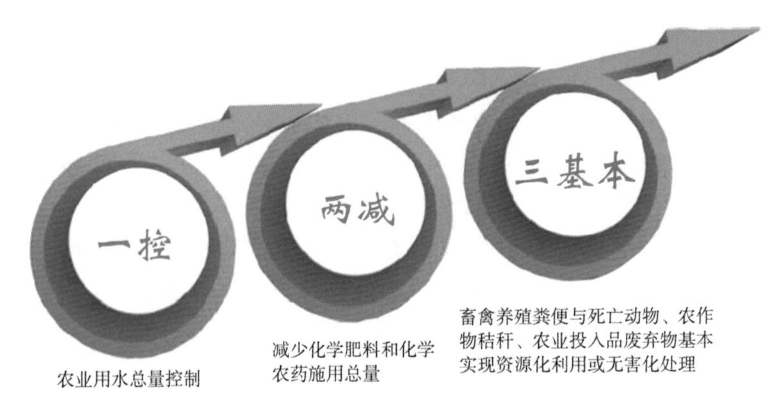

图 5－10　“一控两减三基本”的具体内涵

实现资源节约、环境友好和资源高效利用。

二、精准农业核心内涵

精准农业具体要达到什么状态，可以概括为营养供给精量化、环境控制精准化、过程控制精细化、农事作业高效化，这是精准农业的核心内涵（图 5－11）。

图 5－11　精准农业核心内涵

（一）营养供给精量化

实现营养供给精量化，简单地说，就是在保障供给的前提下避免浪费。植物生产应根据土壤养分供给情况和农业植物生长发育的需求情况，研发精准播种、精准施肥、精准灌溉、水肥一体化技术等。养殖领域则应根据动物生长发育阶段研发差异化配方和差异化日粮标准，或研发能自动生成个性化配方和日粮标准的专家系统，实现营养供给精量化。

（二）环境控制精准化

环境因子处于生物需要的最适状态时，生物生长发育就能达到最佳状态，从而达到高产、优质目标。实现环境控制精准化，必须精准控制光照、温度、水分、营养等生态因子，使之处于生物生长发育所需要的最佳状态。任何生物在不同生长发育阶段，对环境条件和营养供给的要求不同，需要采取不同的农艺措施，促进农业生物的生长发育。

智能温室通过农业物联网和自动控制系统，实现环境控制精准化，使光、热、水、肥等环境要素处于农业生物生长发育的最适范围。露地生产则利用农业传感技术、遥感技术、物联网技术和地理信息技术，实施基于农业大数据的精准播种、精准施肥、精准灌溉、精准施药等农艺措施。

（三）过程控制精细化

过程控制包括两大方向，一是农业生物的生长发育过程中，不同的生长发育阶段对生态因子的要求具有差异，需要对生态因子进行精细控制；二是农事作业的实施过程，必须实现精细化控制。过程控制精细化必须根据生物生长发育进程和资源环境要素的动态变化，实时生成基于精细化过程控制的农艺措施并自动实施，根据实施效果和农业生物响应情况实施监测，实施基于反馈修正的随动精准化调控优化方案，达到农业生产的最优状态（图 5－12）。

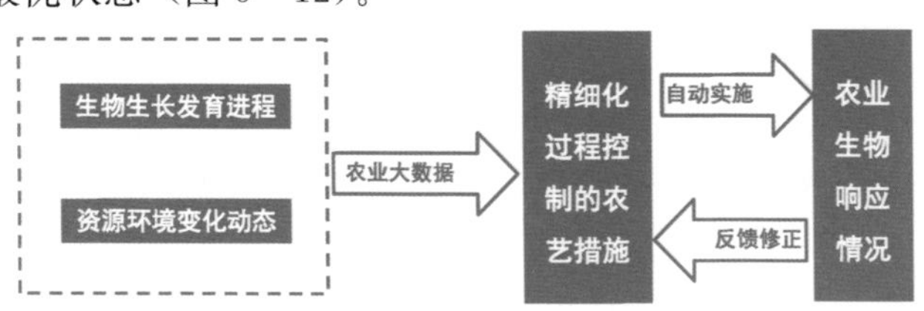

图 5－12　过程控制精细化

（四）农事作业高效化

农事作业高效化主要从四个方向开展研究与实践：一是轻简化栽培，适当减少效率较低的农事作业，既可以减少活劳动消耗，同时也能减轻对农业生物的物理损伤。二是靶标化作业，害虫防治领域的靶标施药可实现省工、省药、提高防治效果的目标，靶标施肥也是精准农业的重要研究方向。三是一体化实施，基于滴灌设施的水肥一体化技术已基本成熟，施肥、播种、覆膜一体化农业机械也已推广，这类一体化技术在降低生产成本、减少农业生物伤害等方面体现了很好的效果。四是标准化控制，创新简化、统一化、通用化农艺技术，推进农业生产标准化。

三、精准农业实践领域

精准农业是推进智慧农业建设的探索过程，应用数字农业建设试点的大数据资源，探索精准播种、精准灌溉、精准施肥、精准用药、精准采收等新技术，奠定智慧农业的技术基础。

（一）从精量播种到精准播种

精量播种是根据预先设计的田间基本苗要求，实测种子发芽率，利用精量播种机械，实施定量、准确播种，在保证田间基本苗的前提下节约用种。目前精量播种技术已趋成熟，各种精量播种机械的工艺水平不断提高。水稻生产领域的机插技术和机抛技术已很成熟，与之配套的播种流水线在一定程度上实现了精量播种（图 5-13）。

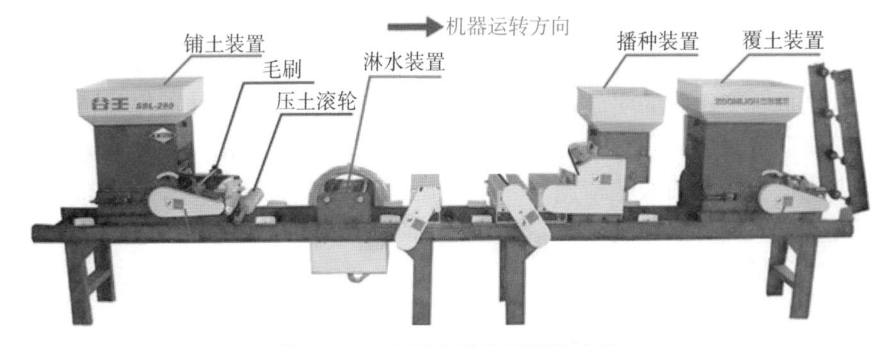

图 5-13 水稻育秧的播种流水线

水稻印刷播种技术很有特色，将水稻种子均匀地排印在长卷特殊纸张上实现精量播种，下垫岩棉供水和无纺布分隔，再将长卷纸铺设到田间或路面育秧，实现了育秧技术的革命性发展（图 5-14）。

图 5-14 水稻印刷播种无盘育秧技术

精准播种是在精量播种技术的基础上，根据不同地块的肥力水平和生产能力等地理空间数据资源，利用专家系统实时生成不同地段的差异化播种量，并实施差异化的精量播种。

（二）节水农艺与精准灌溉

水是农业生产的命脉，节水农艺措施研究和利用具有悠久的历史，从新疆的坎儿井，到其他地区的地膜覆盖、塑料大棚栽培等，都考虑了减少水分蒸发实现节约用水。

喷灌设施可以实现节水的同时降温，以改变田间小气候，滴灌设施可将水分准确地滴到作物根际，具有很好的节水效果；模拟自然降水过程的智能温室喷淋灌溉系统，可以根据作物需水规律喷淋保湿，节水效果好（图5-15）。

图5-15　移动式喷淋灌溉系统

精准灌溉是根据土壤墒情实时监测数据和农业植物的需水规律，利用工程技术手段和自动控制系统，实现对植物水分的实时、定量、定位、精准供应。精准灌溉的核心内涵是在节约用水的前提下，精确保证植物生长发育的水分需求。土壤墒情传感器是精准灌溉的基础设施，根据植物需水特性和土壤墒情进行供水决策的专家系统是精准灌溉的基础平台（图5-16）。

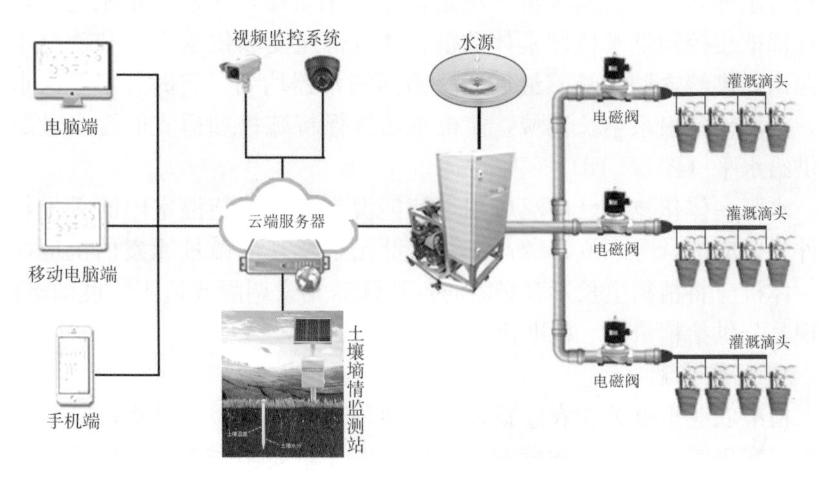

图5-16　精准灌溉的实现机制

（三）精准施肥的技术积累

1. 测土配方施肥技术

测土配方施肥是近年来大力推广的科学施肥技术，在节约肥料、减轻污染、提高产量、改善品质等方面发挥了很好的作用。测土配方施肥技术流程如下：在实测田间土壤养分、肥料田间试验的基础上，根据作物需肥特性，设计多样化的肥料配方，再交专业厂商定制配方肥料供应大田生产，农业生产单位则根据作物生育时期，制订合理的施肥方案，包括配方肥料的选择以及合理的施肥时间、施肥用量、施肥方法等（图5－17）。

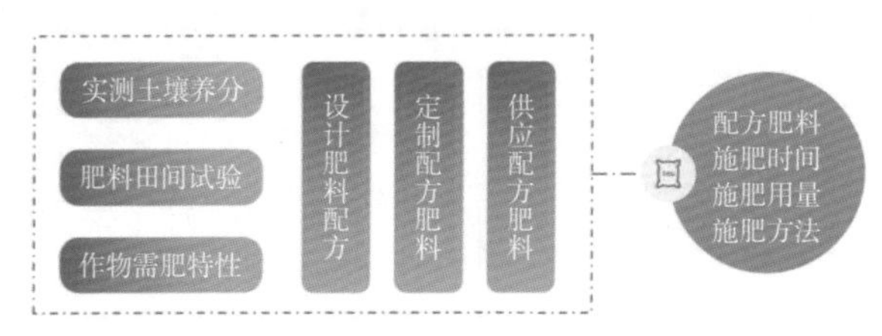

图 5－17　测土配方施肥技术流程

2. 水肥一体化技术

水肥一体化是将灌溉与施肥融为一体的现代农业新技术。一套完整的水肥一体化系统包括水源工程、首部枢纽、田间输配水管网系统和滴水器等组分。布设在田间的各种土壤传感器获取土壤养分和水分的实时数据，通过物联网体系反馈到水肥一体化的计算机控制系统，根据田间作物对水分和养分的需求情况决定供水供肥策略，并制订水肥配比，再由首部枢纽控制供水供肥具体数据，通过恒压变频供水系统和输配水管网向田间供给含肥水液，最后通过田间滴水器均匀、定时、定量供水供肥，浸润作物根系生长区域，使根系始终保持疏松和适宜的含水量及养分供给水平（图5－18）。

水肥一体化技术已广泛应用于智能温室。在智能温室内的无土栽培条件下，应综合考虑氮、磷、钾等常量元素及其他微量元素的供应，水肥一体机应将植物生长发育必需的各种营养元素调配成适当浓度的溶液，实现养分供给精量化、精准化。

3. 精准施肥

精准农业重点关注农业投入品的使用效率和效益，是坚持绿色发展理念，实现资源节约、环境友好的现代农业重要实践方向，依托数字农业建设所提供的农业大数据支撑，精准农业的实践领域必将进一步拓展，

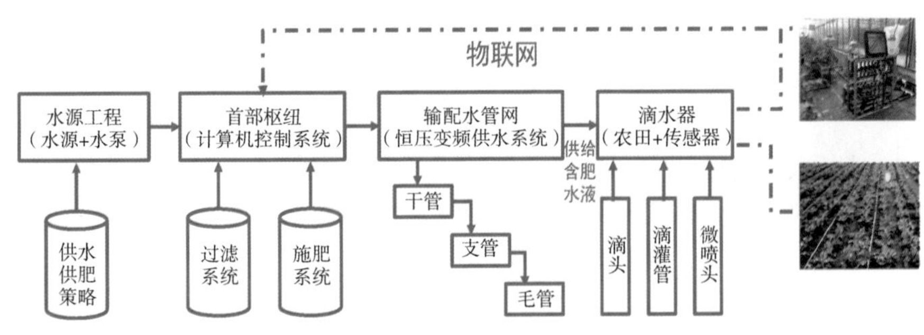

图 5－18　水肥一体化技术系统

积累智慧农业探索经验。

精准施肥是在测土配方施肥基础上的技术升华。精准施肥以作物生长模型和作物营养专家系统为基础，以差异化土壤理化性质、气象因子和作物生长发育状况等大数据资源为支撑，依托现代工业装备技术的现代施肥技术，实现对农作物养分的精准供应。

精准施肥是农业传感技术、农业物联网技术、农业遥感技术、地理信息技术、现代生物技术、现代农艺技术、机械装备技术和化工技术的优化组合。其中机械装备技术是指研发专用施肥机械以实现定点施肥，化工技术是指肥料研发中的缓释肥、控释肥和特殊肥料剂型研发（图 5－19）。

图 5－19　精准施肥的技术支撑

第三节　智慧农业前沿技术

依托农业传感技术、农业遥感技术、农业物联网技术和地理信息技术，构建农业大数据资源系统；利用互联网、移动互联网和基于云计算的大数据处理技术，实现农业大数据资源的传输和应用；依托人工智能赋能，实现农业生产过程中的全方位智能感知、智能分析、智能预警、智能决策和智能控制，推动农业发展进入农业 4.0 的智慧农业发展阶段。目前的智慧农业探索实践，主要集中在智能感知、智能分析、智能预警、智能决策、智能控制等领域（图 5－20）。

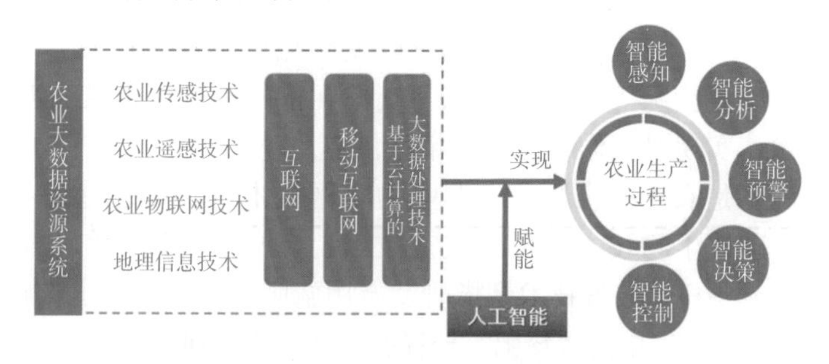

图 5－20　智慧农业探索领域

一、智能感知

感知源于心理学术语，指人类对信息的觉察、感觉、注意、知觉的一系列过程，具体分为感觉过程和知觉过程，感觉侧重于信息接收过程，知觉则对感觉到的信息进行组织和处理，对事物的存在形式进行理性认知。同样的信息可能形成不同的感知。图 5－21 的左图可以感知为一个花

图 5－21　信息感知的不同角度

瓶，也可以感知为两个面对面的头部；右图横向关联为数字“13”，纵向关联则是字母“B”。

智能感知是基于传感技术、遥感技术、探测技术、标识技术和地理信息技术的现代信息技术，既包括对外源信息的获取过程，也包括对获取信息的组织、处理与加工过程。智能感知是人工智能的基础或起点，通过智能感知定向获取有价值的农业大数据资源，奠定智能分析、智能预警、智能决策、智能控制的基础。

传感技术、遥感技术、探测技术、标识技术、农业物联网技术和地理空间信息技术奠定了智能感知的基础，构建了类似于人类通过感官获取信息的感觉过程。语音识别、自然语言处理、静态物像识别、动态图像理解、动态过程判识、生理过程感知等，丰富了智能感知的工具系统，拓展了智能感知的内涵，同时形成了交流和互动机制。嵌入式知识库、云端数据库、知识链逻辑等丰富了智能感知的知识背景，机器学习、深度学习、人工神经网络、专家系统等技术的综合应用，构建了类似人脑的知觉机制，使智能感知进一步升华到一种全新境界。智能感知涉及一个庞大的知识体系和技术领域，目前还处于智能感知技术研发的初级阶段，智能感知领域有着巨大的探索空间（图 5－22）。

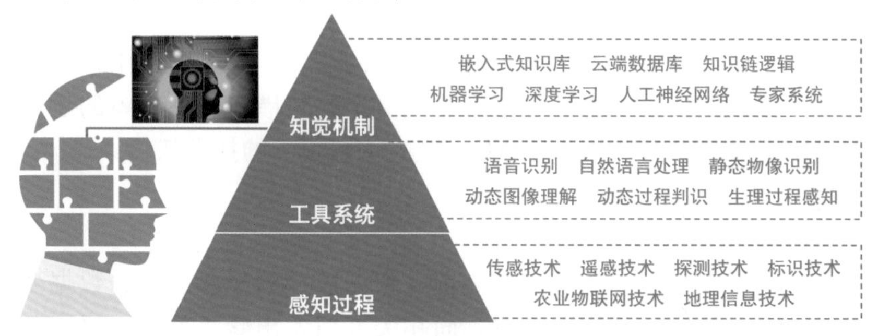

图 5－22　智能感知的探索空间

二、智能分析

分析能力是指人类思维过程中对客观事物或现象进行研究、认识的技能和本领。人类的分析能力是随着知识和经验的积累而不断提升的。智慧农业时代的智能分析，是在智能感知的基础上，综合运用机器学习原理和人工智能技术，研发专用智能分析系统，实现对农业生物状态、农业生产过程、农业作业控制的智能分析，为智能预警、智能决策、智能控制提供支撑。

依托实时智能感知与大数据资源积累、静态物像识别与语音识别、动态过程理解与关联、知识库与农业专家系统，智能分析具有广泛的应用领域，同时也是智能预警和智能决策的前提（图 5－23）。

图 5－23　智能分析的主要研究领域

智能分析已具有较丰富的技术积累，工业生产中广泛应用于零件检验检测，无人驾驶汽车实现了行进环境的综合分析和实时调控，人脸识别系统通过人类脸部特征信息的智能分析可以准确辨别出变化中的人类个体。农业生产中的智能分析具体表现在四个方面。一是文本数据智能分析，挖掘数据资源的内在规律性，奠定智能预警的逻辑基础。二是静态物像智能分析，奠定自动识别和自主鉴定的逻辑基础。三是动态过程智能分析，奠定自主决策和自主行为能力的逻辑基础。四是生理状态智能分析，实现对农业生物的自主诊断，奠定农艺措施自主决策的逻辑基础。五是语音识别与自然语言处理，奠定人机交互的技术基础。

三、智能预警

预警是指在灾害或危机发生之前，根据以往的经验总结、数据变化规律，或观测得到的可能性前兆，向相关部门发出紧急信号，报告危险情况，以避免危害在不知情或准备不足的情况下发生，从而最大程度地减轻危害和损失。农业预警的基本逻辑过程包括：明确警义、寻找警源、分析警兆、预报警度以及排除警情等一系列相互衔接的过程（图 5－24）。明确警义就是明确预警的对象，包括警素组成和警度划分；寻找警源就是找出造成警情发生的原因，包括内因和外因；分析警兆就是进行警源信号和指标分析、判别，以及趋势预测；预报警度包括公布警情、预报警情可能发生的程度和范围；排除警情则是实施预警应急预案，消除或减小警情危机。例如，精养鱼池的养鱼密度很高，若水中溶解氧过低，就会导致鱼大量死亡。在这里警义就是缺氧死鱼，即“泛塘”，警源就是水中的溶解氧含量是否过低，分析警兆则依赖水中的溶解氧传感器采集的实时数据，当水体溶解氧浓度低于 6 mg/L 时，就必须发布预警，排除警情的措施就是开启增氧设备。

图 5-24　农业预警的逻辑过程

智能预警在农业领域的应用，有墒情预警、灾情预警、虫情预警、苗情预警、产业预警等。智能预警是在资源环境监测信息、自然灾害监测信息、有害生物监测信息、长势长相监测信息、农艺措施面板数据、产业运行面板数据等农业大数据资源积累和实时监测的基础上，通过智能分析发现警情，出现警情后及时采取相应措施来消除警情、减少损失（图 5-25）。

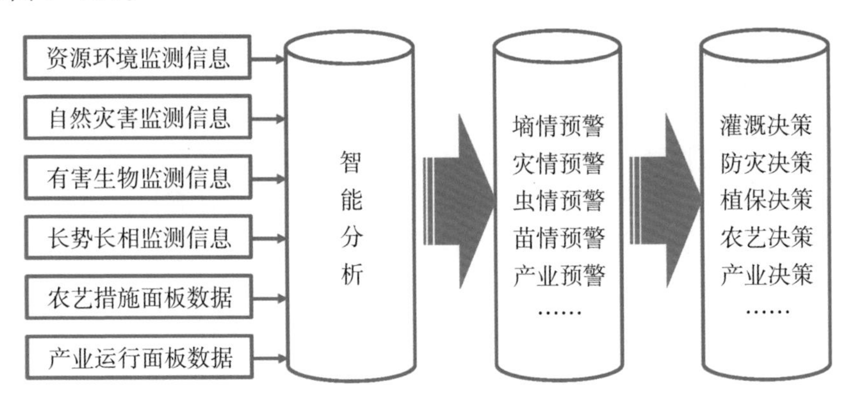

图 5-25　智能预警应用领域

四、智能决策

决策是作出决定或选择。在人工智能领域，感知智能是基础，通过智能感知获取大数据资源，认知智能是利用大数据资源进行智能分析，在此基础上才能形成决策智能。利用农业传感技术、农业遥感技术、农业探测技术、物品标识技术、面板数据采集技术等，实现多源信息智能感知，获取农业大数据资源；在此基础上，通过静态物像智能分析、动态过程智能分析、生态环境智能分析、生理过程智能分析、文本数据智能分析，奠定智能决策的逻辑基础，再利用机器学习、深度学习、范式推理、遗传算法、粗糙集等，实现智能决策（图 5－26)。

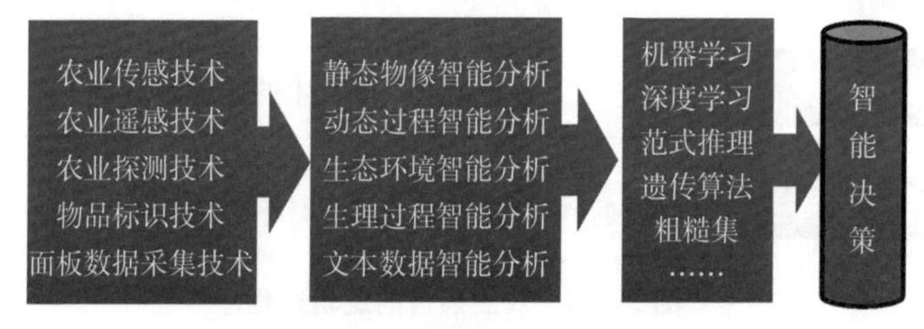

图 5－26　智能决策的逻辑体系

智能决策的目标是得到明确的解决方案，例如，墒情传感器获取的数据经智能分析表明已达到缺水临界状态，系统发出的智能预警为缺水，此时智能决策就需要提出解决方案：通过什么途径补充水分？怎样补充水分？补充多少水分？

五、智能控制

智能控制是在智能决策的基础上，自主实施决策方案，即智能控制相关设备来完成任务。智能控制在无人干预的情况下，自主驱动相关设备工作，实现控制目标。目前，智能温室已实现部分智能控制功能，依托温室内各类传感器实时采集监测信息，监测信息传输到控制中心后形成决策，再将决策指令传输到控制系统，就可自动控制风机、遮阳网、水帘等设备设施的工作状态。

智能感知定向获取农业大数据资源，智能分析发现农业大数据资源的内在规律性和逻辑关系，智能预警找出必须实施的农艺措施，智能决策提交解决方案，智能控制实施解决方案，这些都是智慧农业探索的主流方向或关键领域。智慧农业探索的终极目标，是研制集智能感知、智能分析、智能预警、智能决策、智能控制于一体，能够根据农业生产现场实际情况和农业生物生长发育规律，自主决策农艺措施和农事作业，具有自主行为能力的农业机器人，来自主实施农艺措施和农事作业（图5－27）。

图5－27　具有自主行为能力的农业机器人

图书在版编目（CIP）数据

智慧农业应用技术 / 高倩文，陈冲，高志强著. — 长沙：湖南科学技术出版社，2024.6
（乡村振兴. 科技助力系列）
ISBN 978-7-5710-2794-0

Ⅰ. ①智… Ⅱ. ①高… ②陈… ③高… Ⅲ. ①智能技术－应用－农业技术 Ⅳ. ①S126

中国国家版本馆 CIP 数据核字(2024)第 058734 号

ZHIHUI NONGYE YINGYONG JISHU
智慧农业应用技术

著　　者：高倩文　陈　冲　高志强
出 版 人：潘晓山
责任编辑：张蓓羽
出版发行：湖南科学技术出版社
社　　址：长沙市芙蓉中路一段 416 号泊富国际金融中心
网　　址：http://www.hnstp.com
湖南科学技术出版社天猫旗舰店网址：
　　　　http://hnkjcbs.tmall.com
邮购联系：0731-84375808
印　　刷：长沙沐阳印刷有限公司
　　　　（印装质量问题请直接与本厂联系）
厂　　址：长沙市开福区陡岭支路 40 号
邮　　编：410003
版　　次：2024 年 6 月第 1 版
印　　次：2024 年 6 月第 1 次印刷
开　　本：710mm×1000mm　1/16
印　　张：9.5
字　　数：155 千字
书　　号：ISBN 978-7-5710-2794-0
定　　价：35.00 元